图 2-1　波尔山羊

图 2-2　杜泊羊

图 2-3　小尾寒羊

图 2-4 无角陶赛特羊

图 8-1　羊快疫

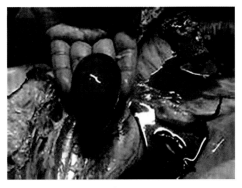

图 8-2　羊肠毒血症

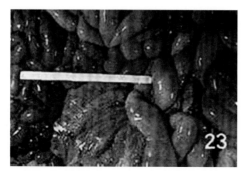

图 8-3 羊猝狙

图 8-4 羔羊痢疾

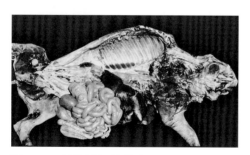

图 8-5 羊钩端螺旋体病

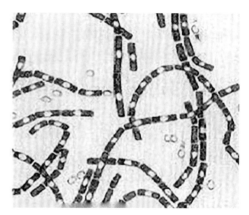

图 8-6 组织涂片中炭疽杆菌的菌端呈
竹节状

图 8-7 羊口蹄疫（一）

图 8-8 羊口蹄疫（二）

图 8-9　羊小反刍兽疫

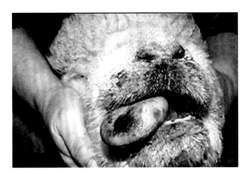

图 8-10　羊蓝舌病

图 8-11　羊沙门菌病（病羊精神沉郁、眼球下陷）

图 9-1　羊瓣胃阻塞

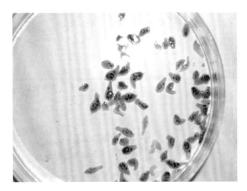

图 10-1　羊肝片吸虫虫体片形呈棕红色

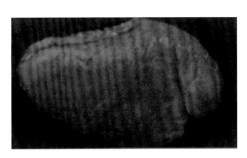

图 10-2　囊蚴导致的纤维素性肝被膜炎

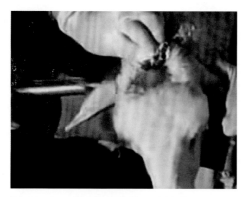

图 10-3 羊脑包虫病的手术治疗

图 10-4 羊疥螨病（皮肤变厚、脱毛、干如皮革）

图 10-5 羊鼻蝇蛆病（鼻孔有分泌物，摇头、打喷嚏）

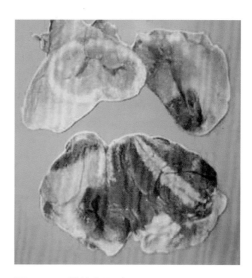

图 11-1 羔羊白肌病

规模化生态养殖丛书

GUIMOHUA SHENGTAI YANGZHI CONGSHU

肉羊规模化生态养殖技术

李文海　张兴红 ▶ 主编

化学工业出版社

·北京·

《肉羊规模化生态养殖技术》简要介绍了我国北方肉羊生态养殖现状、存在的问题及发展趋势，生态养殖肉羊的适宜品种选择，生态养殖场建设，肉羊的营养需要，各种饲草与饲料的营养价值、饲料配备、科学的饲养管理及肉羊的微生态养殖、肉羊生态养殖新技术、肉羊生态养殖的疾病综合防治技术等内容。针对我国肉羊生态养殖的现状及存在的问题，吸纳了国内外先进适用的技术，从多方面阐述了肉羊生态养殖新的技术及相关新理念，对肉羊生态养殖产业具有较强的指导意义。

图书在版编目（CIP）数据

肉羊规模化生态养殖技术/李文海，张兴红主编
. —北京：化学工业出版社，2019.10
（规模化生态养殖丛书）
ISBN 978-7-122-34993-4

Ⅰ.①肉… Ⅱ.①李… ②张… Ⅲ.①肉用羊-饲养
管理 Ⅳ.①S826.9

中国版本图书馆 CIP 数据核字（2019）第 166295 号

责任编辑：李　丽　　　　　　　　　文字编辑：焦欣渝
责任校对：刘　颖　　　　　　　　　装帧设计：史利平

出版发行：化学工业出版社（北京市东城区青年湖南街 13 号　邮政编码 100011）
印　　装：三河市延风印装有限公司
710mm×1000mm　1/16　印张 12¼　彩插 2　字数 172 千字　2019 年 10 月北京第 1 版第 1 次印刷

购书咨询：010-64518888　　售后服务：010-64518899
网　　址：http://www.cip.com.cn
凡购买本书，如有缺损质量问题，本社销售中心负责调换。

定　　价：49.00 元

《规模化生态养殖丛书》专家编审委员会

主　任　李文海

副主任　张兴红　赵维中　李少平　王海云

委　员　于录国　马玉红　马拥军　马春艳　王永琴

　　　　王彦红　王爱清　吕海军　任锦慧　刘冬生

　　　　刘兆秀　许秀红　杜海霞　李　强　李秀娥

　　　　李春来　李晓宇　杨立刚　张书强　张虹菲

　　　　张艳艳　张振祥　张献平　范倩倩　赵新军

　　　　郝　云　郜玉珍　修　静　侯亚坤　奚玉银

　　　　郭红霞　崔元清　崔宏宇　崔培雪　梁建明

　　　　蔡海钢　薛彦梅

《肉羊规模化生态养殖技术》编写人员

主　编　李文海　张兴红

副主编　李　强　薛彦梅　郝　云　李晓宇

参　编　（按姓氏笔画排序）

　　　　于录国　马玉红　马春艳　王彦红

　　　　王爱清　刘冬生　杜海霞　杨立刚

　　　　李少平　李秀娥　张书强　张虹菲

　　　　张艳艳　范倩倩　赵新军　修　静

　　　　侯亚坤　奚玉银　郭红霞　崔宏宇

　　　　崔培雪　蔡海钢　薛彦梅

前　言

发展畜牧业离不开科学技术和专业知识的支撑，特别是进入 21 世纪以后，农业现代化、畜牧科技化的观念已经深入人心，生态养殖以其绿色、环保、安全的特点在养殖市场上独树一帜。由于生态养殖效益突出，深受消费者欢迎，该养殖模式已成为当代农民创收、增收的新的发展模式。掌握一项好的农业生产技术可能就意味着成功和财富的到来。为了满足广大农民朋友对养殖业方面知识和技能的渴求，同时也为了更好更快地传播知识，我们组织编写了这本书。

本书主要分为两部分内容，第一部分是肉羊的生态养殖技术，主要介绍肉羊生态养殖的现状、肉羊的主要品种、肉羊的繁殖技术、肉羊生态养殖营养与饲养标准、肉羊场的建设与设备、微生态养殖、羊病的诊断技术。第二部分重点介绍了肉羊的传染病、普通病、寄生虫病、羊常见代谢病和中毒病，并就这些疫病的病原、临床症状、主要病理变化和防治方法进行了详细的论述。本书内容丰富，图文并茂，文字简明，通俗易懂，是当前广大农村发展养殖业的致富好帮手，也可供养殖场（户）技术人员和专业基层干部参考。

本书在编写过程中得到张家口市农业科学院领导的认真指导，也得到了一些养殖场的大力支持，在此表示衷心的感谢。

由于本书编写时间仓促、编者水平所限，在编写过程中难免有不妥之处，敬请广大读者谅解，并提出宝贵意见。

编者

2019 年 7 月

目 录

第一篇
肉羊的生态养殖技术

知识要点

▶ 我国肉羊生态养殖的现状、存在的问题、发展趋势

▶ 我国肉羊的主要品种及其生物学特性

▶ 肉羊生态养殖的标准化饲养与管理

▶ 肉羊生态养殖的场址选择、场房要求和设备要求

▶ 肉羊的微生态养殖

近年来，随着人民生活水平的不断提高，无公害农产品、绿色食品、有机食品受到广大消费者的青睐，但目前在畜产品生产过程中，有害添加剂和抗生素的大量使用，使食品安全受到了严重影响，进而危及人们的身体健康。肉羊生态养殖技术的应用推广，使肉羊体况得到了改善，大大地减少了抗生素和有害添加剂的使用，降低了药品残留，提高了羊肉产品的质量，从而保证了广大人民群众的身体健康和生命安全。

第一章 概述

第一节　我国肉羊生态养殖现状

一、绵羊、山羊品种资源十分丰富

新中国成立后，全国养羊业取得了长足的发展。2000 年全国绵羊、山羊总存栏达到 29031.9 万只，比 1949 年增长 6.26 倍，其中绵羊数量为 13316 万只、山羊数量为 15715.9 万只。我国的绵羊、山羊品种资源也十分丰富，仅被列入《中国羊品种志》的地方绵羊、山羊品种有 35 个，加上被列入各省（区、市）《畜禽品种志》的地方绵羊、山羊品种达 80 多个。同时，我国也培育了许多生产性能较高的培育品种，经我国畜牧科技人员几十年的选育、培育，目前已育成不同生产方向的绵羊品种 22 个，如细毛羊有新疆细毛羊、中国美利奴羊、东北细毛羊、内蒙古细毛羊、敖汉细毛羊等。我国绵羊、山羊品种具有许多优良和独特的性状，例如小尾寒羊、湖羊的高繁殖性能，济宁青山羊的优秀羔皮性能，滩羊、中卫山羊的优秀裘皮性能，辽宁绒山羊、内蒙古白绒山羊的产绒毛性能，这些优良品种在世界上也是罕见的，其产品在国际市场上久负盛誉。丰富的绵羊、山羊品种资源，有力地促进了我国养羊生产的发展，养羊生产水平得到显著提高。

二、绵羊、山羊的生产方式

我国细毛羊生产主要集中在新疆、内蒙古、青海、甘肃牧区和东北部分地区，生产仍主要采取以天然草场放牧为主、辅以补饲的方式。肉羊生产在牧区、农区和半农半牧区均有分布，同时，我国羊肉生产体现出如下新的特点：

1. 主要生产区域从牧区转向农区

1980年，排在羊肉产量前五位的是新疆、内蒙古、西藏、青海和甘肃5大牧区，其羊肉产量占到全国的49%，2001年已下降到33%。目前，除新疆和内蒙古的羊肉产量在国内仍位居前列以外，河南、河北、四川、江苏、安徽、山东等几大农区的羊肉产量均已大大超过了其他几个牧区，且上述6省的羊肉产量占全国羊肉产量的比重已从1980年的35%上升到了2001年的45%。

2. 养殖方式逐步由放牧转变为舍饲和半舍饲

以往我国传统牧区养羊主要是以草原放牧为主，很少进行补饲和后期精料育肥。这种饲养方式的优点是生产成本低廉，但随着草地载畜量的逐年增加，很容易对草地资源造成破坏，同时，这种饲养方式周期较长，羊肉肉质较粗糙，且肌间脂肪沉积量较少，口感较差，要求的烹制时间较长，经济效益也较差。目前在部分条件较好的农区，对肉羊进行后期育肥或全程育肥的饲养方式越来越普遍。舍饲既是发展优质高档羊肉的有效措施，也是保护草原生态环境、加快肉羊业发展的重要途径。

3. 千家万户分散饲养正在向相对集中方向转变

目前，我国羊肉生产中千家万户的分散饲养仍然是主要的饲养方式。在农村特别是在中原和东北地区，肉羊的饲养规模已经出现了逐步增大的趋势，饲养规模在百头以上的养殖大户和养殖小区的数量也有了较大幅度的增加。

三、羊毛生产现状

新中国成立以来，我国政府就非常重视羊毛生产，为了改变我国不生产细羊毛和半细羊毛的养羊现状，国家在人力、财力、物力上加大投资，先后从国外引进羊毛产量高、品质好的细毛羊、半细毛羊和毛用山羊品种，包括澳洲美利奴羊、波尔华斯羊、斯达夫洛波羊、高加索羊、原苏联美利奴羊、茨盖羊、罗姆尼羊、林肯羊、边区莱斯特羊、考力代羊、安哥

拉山羊等。20 世纪 50～60 年代，我国先后培育出新疆细毛羊、内蒙古细
毛羊、东北细毛羊等诸多品种。1972 年新疆、内蒙古、黑龙江、吉林等
省区相继开展了引进澳、美公羊培育我国新型细毛羊的工作，到 1986 年
我国正式命名中国美利奴羊品种，包括新疆型、新疆军垦型、科尔沁型和
吉林型。中国美利奴羊育成后各地继续进行选育提高，经过 10 多年的努
力，又先后培育出细毛型、无角型、多胎型、强毛型、毛密品系、体大品
系、毛质好品系等一系列新类型，极大地丰富了品种的基因库，为今后继
续提高中国美利奴羊品种质量和发展我国细毛羊业奠定了遗传基础。2000
年我国原毛总产量达到 29.25 万吨，居世界第二位，净毛总产量 15.3 万
吨，排列世界第三。由于我国绵羊数量主要以产毛量低的地方品种居多，
细毛羊、半细毛羊及其改良羊数量较少，超细毛羊养殖又刚起步，且在我
国育成的细毛羊、半细毛羊新品种中，只有中国美利奴羊的产毛量、羊毛
质量接近或达到世界先进水平，其他育成的品种羊生产水平与世界先进水
平差距甚大。我国绵羊个体的平均原毛产量只有 2.20 千克，净毛产量只
有 1.15 千克，远低于养羊业发达的澳大利亚和新西兰，还达不到世界平
均水平。

四、羊肉生产现状

改革开放以来，随着社会经济的好转，城乡人民收入的增加和生活水
平的提高，政府有关部门提出要改善城乡人民的膳食结构，丰富人民群众
的菜篮子，羊肉生产逐步引起了各级主管部门、科研院校及养羊科技工作
者的重视。从 20 世纪 80 年代开始我国相继引进国外一些生长发育快、产
肉性能好的优良肉用羊品种，包括萨福克羊、无角道赛特羊、特克赛尔
羊、夏洛莱羊，以及德国肉用美利奴羊和波尔山羊等，对我国的绵、山羊
品种进行杂交改良，提高我国羊肉生产水平，效果很好。近年来，我国一
些省区先后开展了羔羊杂交育肥试验，做了大量的试验示范工作，并积累
了丰富的经验和技术，如吉林农业大学马宁 1985 年进行了"东北细毛羊
肥羔生产"的研究，浙江省农业科学院畜牧兽医研究所张泉福 1987 年报
道了"湖羊肥羔产肉性能及其影响因素的研究"，中国农科院兰州畜牧研
究所姚树清 1990 年进行了"多胎肉羊杂交组合筛选及肥育高效饲养技术

的研究"，为开展肉羊生产，特别是肥羔羊生产做了大量的探索，取得了大量的成果，积累了宝贵的经验。

近年来，我国羊肉产量逐年稳步提高，到 2000 年，我国羊肉生产总量达到 274 万吨，占世界羊肉生产总量的 24.3％，名列世界首位。但由于我国肉羊业发展的时间短，羊只个体产肉水平较低，平均胴体重只有 12 千克，明显低于养羊业发达国家。

五、山羊绒生产现状

2000 年，我国产绒山羊占全国山羊数量的 46％左右，羊绒总产量 11057 吨，居世界之首。山羊绒及其制品在国际市场上占有重要地位，贸易量保持在 50％左右，山羊绒的生产对我国出口创汇具有积极意义。但由于我国绒山羊饲养地区自然条件差，再加上饲养管理差，平均山羊产绒量只有约 120 克。

第二节　我国肉羊生态养殖存在的问题和面临的困难

一、传统的饲养习惯和千家万户的分散饲养制约着养羊生产水平的提高

总体上，我国养羊业仍未摆脱传统养羊的方式和习惯，产品不能满足市场经济发展的需要，屠宰上市的仍然是地方原有品种的老龄残羊和去势的成年公羊，不但养羊周期长、出栏率低、商品率低、羊肉品质不佳、羊只死亡率高，而且增加了草原载畜量和冬春季节饲草料短缺的矛盾，抵御自然灾害的能力差。另外，我国农村基本上是千家万户分散饲养，管理粗放，靠天养畜。这种分散经营和粗放管理方式，在市场经济迅速发展的今天，不能充分有效地利用当地资源，不能目标明确地批量生产适销对路的产品，不能有效地进入市场和参与市场竞争，不利于采用先进实用的综合配套技术、提高产品的产量和质量，不利于抵御自然或人为灾害。因此严重制约了养羊业的进一步发展。

二、绵羊、山羊品种良种化程度低，生产力水平不高

尽管我国在引入国外优良品种，开展杂交改良，培育生产力高的绵羊、山羊品种，以及选育提高地方品种等方面做了大量的工作，并且取得了显著成效，但时至今日，我国绵羊、山羊良种化程度依然不高，良种绵羊仅占全国绵羊总数的 38%；而在山羊业中，良种化程度则更低，这就大大影响了我国养羊业的总体生产水平和产品质量的提高，使我国养羊业水平与发达国家相比差距较大。生产水平高的专门化肉羊品种只是近几年少量地从国外引进，杂交利用也仅限于小范围的试验阶段，羊肉生产仍以地方品种或细毛杂种羊为主。细毛羊及半细毛羊的良种普及率也较低。

三、草场严重退化，单位面积畜产品产值很低

天然草场和草山草坡仍然是我国饲养绵羊、山羊的主要放牧地。然而，多年来许多地区单纯盲目地发展牲畜数量，掠夺式地利用天然草场，对草原重用轻养，放牧过度，长期超载，加上滥垦、乱挖和鼠、虫害的严重破坏，使天然草场退化、沙化严重，目前退化、沙化和盐碱化的草场面积已占全国草场面积的 1/30。由于草场的"三化"，其生产力逐年降低，单位面积草场产肉量仅为世界平均水平的 1/3；单位面积草场产值只相当于澳大利亚的 1/10、美国的 1/20、荷兰的 1/50。草场退化严重制约着我国养羊业的发展。

四、资金投入严重不足

我国有可利用草原面积 3.1 亿公顷，每年提供的畜产品产值约 39 亿元，而国家每年投入草原建设的资金仅 1 亿元左右，平均每公顷几角钱。另外，我国养羊业多分布于落后山区，这些地区经济欠发达，因此，天然草场的围栏、引水灌溉工程、退化草场的改良更新、人工草场的建设以及养羊业的配套设施等基础建设缺乏资金投入。

五、劳动者文化素质低

目前在我国农村约 4.6 亿劳动力中，由于劳动者文化素质低，经过培

训的技术人员奇缺，其对新技术、新成果、新信息反应迟钝，缺乏接纳、消化先进技术的能力，阻碍了先进科技成果及管理技术的引入。

第三节　我国生态养羊业的发展趋势

对于中国养殖业来说，目前急需解决两个问题：一是科学养殖问题，二是可持续发展问题。较之欧美等发达国家的养殖业，国内科学养殖的发展还处于起步阶段，缺技术、缺人才、缺管理、缺硬件，还没有找到很好的发展模式，从业人员还比较杂乱，低水平的散养户较多，而且污染严重，肉食品安全问题堪忧，养殖与环境、社会矛盾突显。

探索出一条适合国内养殖业发展的道路，成为了有关各方关注的焦点。在我国政府政策的引导、养殖产业化的推动和大型农牧企业的带动下，科学养殖的道路已经趋于明显。中国未来养殖业发展的特点将会突出表现在以下三个方面：

一、适度规模化、标准化

国内养殖业由于粗放式生产、管理水平低下，对环境造成的影响非常严重，而且生产水平不高、产出较低、经济效益不明显。国内粮食资源、土地资源紧张，牲畜与人争粮、争地的问题突出。基于这些日益严峻的问题，养殖适度规模化成为中国养殖业发展的必由之路。目前，宁波、增城、佛山等地区开展了广泛的养殖场整治活动，对于散乱养殖、污染严重、效益低下的一批养殖场集中进行整治，保留设施齐全、环保完备、产出效益高的中小型规模养殖场，这已经释放出行政部门要求养殖适度规模化的信号。但是，适度规模化并非单纯地减少数量，而是通过提高产出来控制数量，这就需要标准化的养殖模式来实现质量的提升。国内标准化的养殖模式基本上都是由大型农牧企业摸索成型的，比如温氏集团的"公司＋农户"标准化模式、双胞胎集团的家庭养殖场标准模式，由企业搭建养殖平台，这些都很好地为适度规模化养殖提供了标准化模板。

二、大资本进入养殖行业

在国内未来养殖业发展过程中,散养户因为资金、管理及硬件上的短缺,必定会逐渐消亡,而小型标准规模的养殖场与大资本注资的大型养殖场将呈现出两极特点。目前这个市场并不成熟,但是发展空间巨大,具有相当多的机遇。

就整个养殖行业来说,行业适度规模化是必须的,否则难以解决因为数量膨胀而出现的种种问题。大资本进入养殖业与适度规模化并不矛盾,而在适度规模化的行业背景下,大资本的注入会促使出现一些超大型养殖场,且成为行业的龙头企业,从而加快养殖行业的整合。大资本进入养殖行业,有实力的大企业可以连锁的形式兴建一定规模的养殖场,它们具有实力雄厚、管理专业化、标准化、可复制等优势,抵御价格波动、疫病影响等风险的能力强,在未来的竞争中能够占据主导地位。

武钢、网易这样的大型企业投入巨资跨行业进入养殖业,不仅仅是一次试水,而是在进行长期规划,看好养殖业的发展前景。如美国一体化的养殖产业,很大程度上依靠大资本的注入才能进行市场整合,在畜种、管理、技术和硬件上取得优势,推动养殖产业化发展。中国养殖业虽然历经多年发展,但是市场还未开始整合,市场空间潜力无穷大,因此,也能够吸引大资本投入,而大资本的注入,也会加快国内养殖业产业化的步伐。

三、专业分工精细化

双胞胎集团董事长鲍洪星先生曾提出未来养殖业与饲料业一定会分得很精细,养殖的人专业养殖,做饲料的人专业做饲料,专业的人做专业的事情,饲料企业会成为养殖业的饲料加工车间。

其实,欧美国家的养殖行业,在很早以前就已经形成了饲料定制加工的模式,饲料企业与养殖场合作,为养殖场提供专业服务,帮助养殖场加工饲料,不管多大的养殖场都不需要自己生产饲料。这种专业化的分工还不仅仅体现在饲料方面。

当然,国内养殖行业短时间内很难达到欧美国家的专业化水平,但是,这具有很强的借鉴意义,未来的发展方向一定是这样的。专业化分工无疑对提高养殖效率有很大的帮助，养殖者可以将全部精力投入到养殖管理中，其他的事情交给专业的人去做。当前国内养殖业有一些错误的做法，一些养殖场不仅搞养殖，还自己办饲料厂，但由于不具备采购、技术和管理优势，生产出来的饲料无论质量还是成本，都不如专业饲料厂家的商品饲料，造成资金和人力浪费，反而拉低了养殖效益。国内养殖业要走出资源浪费、重复建设的误区，必须要进行专业化分工。

国内养殖业发展的道路还很漫长，但是，通过这么多年政府、行业、企业和养殖者本身的努力，已经具备了一个很好的发展平台。国内养殖业正在朝着适度化、产业化和专业化的方向发展，届时，环境污染、资源矛盾、肉食品安全等问题，都能够得到较好的解决。

世界养羊业的发展趋势，20 世纪 20～50 年代时，世界绵羊业以产毛为主，着重生产 60～64 支纱的细毛。进入 60 年代，由于合成纤维产量的迅速增长和毛纺工艺技术的提高，在世界养羊生产中，羊毛尤其细羊毛 60～64 支纱的需求量下降，使单纯的毛用养羊业受到了冲击，羊毛产量和销售量一直徘徊不前。20 世纪 90 年代以来，虽然羊毛总体需求量下降，但随着毛纺织品朝着轻薄、柔软、挺括的方向发展，对 66 支以上的高支羊毛的需求剧增，价格也远远高于一般羊毛。1990 年始，澳大利亚加大对细毛羊纤维细度的育种和改良工作，到 90 年代末期，澳大利亚羊毛纤维直径在 22 皮米（1 皮米＝1×10^{-12} 米）以下的占总产量的 60%，19 皮米以下的占 20%，其中 90 支以上的超级细羊毛也占到一定比例。现仅以 2000 年 7 月 21 日澳大利亚羊毛拍卖成交价为例，17～18 皮米羊毛成交价为 2583～1839 澳分/千克，净毛折合人民币 370～263 元/千克；19～20 皮米羊毛为 1292～792 澳分/千克，净毛折合人民币 185～113 元/千克；21～22 皮米羊毛为 611～537 澳分/千克，净毛折合人民币 88～77 元/千克；23～24 皮米羊毛为 515～492 澳分/千克，净毛折合人民币 74～71 元/千克。超细羊毛与普通羊毛价格相差 4～5 倍。2000 年 3 月在墨尔本举行的拍卖会上，一只超级细羊毛种羊体重 99 千克，羊毛平均细度 12.9 皮米，净毛率 76.2%，卖出 10 万多澳元的历史最高价格，促使澳大利亚细毛羊业朝着超细类型发展。

与此同时，国际市场对羊肉需求量的增加和羊肉价格的提高，使得羊肉产量持续增长。据联合国粮食及农业组织统计，1969～1970年，全世界生产羊肉727.2万吨，1985年增加到854.7万吨，1990年达941.7万吨，2000年增加到1127.65万吨，全世界人均消费羊肉达到2千克。顺应日益增长的国际市场需求，英国、法国、美国、新西兰等养羊大国现今养羊业主体已变为肉用羊的生产，历来以产毛为主的澳大利亚、阿根廷等国，其肉羊生产也居重要地位。世界养羊业出现了由毛用转向肉毛兼用甚至肉用的趋势，一些国家将养羊业的重点转移到羊肉生产上，用先进的科学技术建立起自己的羊肉生产体系。由于羔羊生后最初几个月生长快、饲料报酬高，生产羔羊肉的成本较低，同时羔羊肉具有瘦肉多、脂肪少、味美、鲜嫩、易消化等特点，一些养羊业比较发达的国家都开始进行肥羔生产，并已发展到专业化生产程度。

由于育种、畜牧机械、草原改良及配合饲料工业等方面的技术进步，养羊饲养方式由过去靠天养畜的粗放经营逐渐被集约化经营生产所取代，实现了品种改良，采用围栏划区轮牧，建立人工草地，许多生产环节都使用机械操作，从而大大提高了劳动生产率。

第二章
我国肉羊的主要品种

第一节 肉羊的品种

一、波尔山羊

波尔山羊是一个优秀的肉用山羊品种（图2-1）。该品种原产于南非，作为种用，已被非洲许多国家以及新西兰、澳大利亚、德国、美国、加拿大等国引进。自1995年我国首批从德国引进波尔山羊以来，江苏、山东、陕西、山西、四川、广西、广东、江西、河南和北京等地也先后引进了一些波尔山羊，并通过纯繁扩群逐步向周边地区扩展，显示出很好的肉用特征、广泛的适应性、较高的经济价值和显著的杂交优势。

二、杜泊羊

杜泊羊是由有角陶赛特羊和波斯黑头羊杂交育成，最初在南非较干旱的地区进行繁殖和饲养，因其适应性强、早期生长发育快、胴体质量好而闻名。杜泊羊分为白头和黑头两种。

1.外貌特征

杜泊羊体躯呈独特的筒形，无角，头上有短、暗、黑或白色的毛，体躯有短而稀的浅色毛（主要在前半部），腹部有明显的干死毛（图2-2）。

2.品种特性

杜泊羊适应性极强，采食范围广、不挑食，能够很好地利用低品质牧草，在干旱或半热带地区生长健壮，抗病力强；适应地区的降水量为100～760毫米。能够自动脱毛是杜泊羊的又一特性。

图 2-1　波尔山羊（彩图）

图 2-2　杜泊羊（彩图）

3.生产性能

杜泊羊不受季节限制，可常年繁殖，母羊产羔率在 150％以上，母性好、产奶量多，能很好地哺乳多胎后代。杜泊羊具有早期放牧能力，生长速度快，3.5～4 月龄羔羊活重约达 36 千克，胴体重 16 千克左右，肉中脂肪分布均匀，为高品质胴体。虽然杜泊羊个体中等，但体躯丰满，体重较大，成年公羊和母羊的体重分别在 120 千克和 85 千克左右。山东省是全国养羊大省，绵羊品种资源丰富，如小尾寒羊、大尾寒羊和洼地绵羊等，这些品种存在一个共同的缺点，即生长发育慢和出肉率低，虽然小尾寒羊相对生长速度较快，但出肉率低却是其明显的不足之处。因此，引进杜泊羊对上述品种进行杂交改良，可以迅速提高其产肉性能，增加经济效益和社会效益。

三、小尾寒羊

图 2-3　小尾寒羊（彩图）

小尾寒羊是我国乃至世界著名的肉裘兼用型绵羊品种，具有早熟、多胎、多羔、生长快、体格大、产肉多、裘皮好、遗传性稳定和适应性强等优点（图 2-3）。小尾寒羊 4 月龄即可育肥出栏，年出栏率 400％以上；6 月龄即可配种受胎，年产 2 胎，胎产 2～6 只，有时高达 8

只；平均产羔率每胎达 266％以上，每年达 500％以上；体重 6 月龄可达 50 千克，周岁时可达 100 千克，成年羊可达 130～190 千克。在世界羊业品种中小尾寒羊产量高、个头大、效益佳，被国家定为名畜良种，被人们誉为中国"国宝"、世界"超级羊"及"高腿羊"品种。它吃的是青草和秸秆，献给人类的是"美味"和"美丽"，送给养殖户的是"金子"和"银子"。养殖小尾寒羊既是农户脱贫致富奔小康的最佳项目之一，又是政府扶贫工作的最稳妥工程，也是国家封山退耕、种草养羊、建设生态农业的重要举措。因此，全国各地都在大力发展小尾寒羊养殖，其数量已达 200 万只以上。

小尾寒羊主要产于河北省沧州、邢台，河南省东部及山东省的西南部地区。

1.品种特性

小尾寒羊具有成熟早、早期生长发育快、体格高大、肉质好、四季发情、繁殖力强、遗传性稳定等特性。山东省西南部所产的小尾寒羊较优。

2.生产性能

以山东省西南部地区所产的小尾寒羊为例，其平均体重：周岁公羊为 65 千克，母羊为 46 千克；成年公羊为 95 千克，母羊为 49 千克。平均剪毛量：公羊 3.5 千克，母羊 2 千克。小尾寒羊性成熟早，5～6 个月就可发情，当年可产羔，产羔率 260％～270％。

3.适合地区

东北、华北、西北、西南等地。

4.主要用途

该品种是我国发展肉羊生产或引用肉羊品种杂交、培育肉羊品种的优良母本素材，可发展羔羊肉生产。

四、无角陶赛特羊

1.产地

无角陶赛特羊原产于大洋洲的澳大利亚和新西兰。该品种是以雷兰羊和有角陶赛特羊为母本、考力代羊为父本进行杂交，杂种羊再与有角陶赛特公羊回交，然后选择所生的无角后代培育而成。

图 2-4　无角陶赛特羊（彩图）

2. 显著特点

无角陶赛特羊体质结实，头短而宽，颈粗短，体躯长，胸宽深，背腰平直，体躯呈圆筒形，四肢粗短，后躯发育良好，全身被毛白色（图 2-4）。

3. 品种概况

该品种羊具有早熟、生长发育快、全年发情、耐热及适应干燥气候等特点。公、母羊均无角，颈粗短，体躯长，胸宽深，背腰平直，体躯呈圆筒形，四肢粗短，后躯发育良好，全身被毛白色。成年公羊体重 100～125 千克，母羊 75～90 千克。毛长 7.5～10 厘米，细度 50～56 支，剪毛量 2.5～3.5 千克。胴体品质和产肉性能好，4 月龄羔羊胴体重 20～24 千克，屠宰率 50％以上。产羔率为 130％～180％。我国新疆和内蒙古自治区曾从澳大利亚引入该品种，经过初步改良观察，该品种羊遗传力强，是发展肉用羔羊的父系品种之一。

4. 利用情况

我国在 20 世纪 80 年代末开始引入，用无角陶赛特公羊与小尾寒羊母羊杂交，6 月龄公羔胴体重为 24.20 千克，屠宰率达 54.50％，净肉率达 43.10％，后腿肉和腰肉重占胴体重的 46.07％。

五、夏洛莱羊

夏洛莱羊被毛同质，白色。公、母羊均无角，整个头部往往无毛，脸部皮肤呈粉红色或灰色，有的带有黑色斑点，两耳灵活会动，性情活泼。额宽、眼眶间距大、耳大、颈短粗、肩宽平、胸宽而深、肋部拱圆，背部肌肉发达，体躯呈圆筒状，后躯宽大。两后肢间距大、肌肉发达，呈"U"字形，四肢较短，四肢下部为深浅不同的棕褐色。

1. 生长发育

成年公羊体重为 110～140 千克，母羊为 80～100 千克；周岁公羊体重 70～90 千克，母羊为 50～70 千克；4 月龄育肥羔羊体重为 35～

45 千克，4～6 月龄羔羊的胴体重为 20～23 千克，屠宰率为 50％，胴体品质好，瘦肉多，脂肪少。

羊毛长度为 7 厘米，剪毛量 3～4 千克，细度为 60～65 支，密度中等。

2.繁殖性能

夏洛莱羊属季节性自然发情，发情时间集中在 9～10 月，平均受胎率为 95％，妊娠期 144～148 天。初产羔率 135％，三至五产可达 190％。

夏洛莱羊主要分布在河北、山东、山西、河南、内蒙古、黑龙江、辽宁等地区。

第二节　肉羊的生物学特性

一、合群性强

肉羊的群居性很强，很容易建立起群体结构，其主要通过视、听、嗅、触等感官活动来传递和接受各种信息，以保持和调整群体成员之间的活动，头羊和群体内的优胜序列有助于维系羊群结构。在羊群中，通常是原来熟悉的羊只形成小群体，小群体再构成大群体。在自然群体中，羊群的头羊多是由年龄较大、子孙较多的母羊来担任，也可利用山羊行动敏捷、易于训练及记忆力好的特点而被选作头羊。应注意的是，经常掉队的羊，往往不是因病，就是因老弱而跟不上群。

一般地讲，山羊的合群性好于绵羊，绵羊中粗毛羊的合群性好于细毛羊和肉用羊，肉用羊的合群性最差；夏、秋季牧草丰盛时羊只的合群性好于冬、春季牧草较少时。利用合群性，在羊群出圈、入圈、过河、过桥、饮水、换草场以及进行运羊等活动时，只要有头羊先行，其他羊只即跟随头羊前进并发出保持联系的叫声，这为生产中的大群放牧提供了方便。但由于群居行为强，羊群间距离近时，容易混群，故在管理上应避免混群。

二、食物谱广

肉羊的颜面细长，嘴尖，唇薄齿利，上唇中央有一中央纵沟，运动灵活，下颌门齿向外有一定的倾斜度，故对采食地面低草、小草、花蕾和灌木枝叶很有利，对草籽的咀嚼也很充分。因为羊只善于啃食很短的牧草，在马、牛放牧过的草场或马、牛不能利用的草场，羊都可以正常放牧采食，故可以进行牛、羊混牧。

绵羊和山羊的采食特点有明显不同：山羊后肢能站立，有助于采食高处的灌木或乔木的幼嫩枝叶，而绵羊只能采食地面上或低处的杂草与枝叶；绵羊与山羊合群放牧时，山羊总是走在前面抢食，而绵羊则慢慢跟随在后边低头啃食；山羊舌上苦味感受器发达，对各种苦味植物较乐意采食。粗毛羊和细毛羊比较，喜欢"走草"，即爱挑草尖和草叶，边走边吃，移动较勤，游走较快，能扒雪吃草，对当地毒草有较高的识别能力；而细毛羊及其杂种，则喜欢"盘草"（站立吃草），游走较慢，常落在后面，扒雪吃草和识别毒草的能力也较差。

三、喜干厌湿

"羊性喜干厌湿，最忌湿热湿寒，利居高燥之地"，说明养羊的牧地、圈舍和休息场，都以高燥为宜。如久居泥泞潮湿之地，则羊只易患寄生虫病和腐蹄病，甚至毛质降低，脱毛加重。不同的绵羊、山羊品种对气候的适应性不同，如细毛羊喜欢温暖、干旱、半干旱的气候，而肉用羊和肉毛兼用羊则喜欢温暖、湿润、全年温差较小的气候，但长毛肉用种的罗姆尼羊，较能耐湿热气候和适应沼泽地区，对腐蹄病有较强的抵抗力。

根据羊对于湿度的适应性，一般相对湿度高于 85％ 时为高湿环境，低于 50％ 时为低湿环境。我国北方很多地区相对湿度平均在 40％～60％（仅冬、春两季有时可高达 75％，其他时间都在 40％～60％），故适于养羊，特别是养细毛羊；而在南方的高湿高热地区，则较适于养山羊和肉用羊。

四、嗅觉灵敏

羊的嗅觉比视觉和听觉灵敏，这与其发达的腺体有关。其具体表现在以下三个方面：

1. 靠嗅觉识别羔羊

羔羊出生后与母羊接触几分钟，母羊就能通过嗅觉鉴别出自己的羔羊。羔羊吮乳时，母羊总要先嗅一嗅其臀尾部，以辨别是不是自己的羔羊，利用这一点可在生产中寄养羔羊，即在被寄养的孤羔和多胎羔身上涂抹保姆羊的羊水或尿液，寄养多会成功。

2.靠嗅觉辨别植物种类或枝叶

羊在采食时，能依据植物的气味和外表细致地区别出各种植物或同一植物的不同品种（系），选择含蛋白质多、粗纤维少、没有异味的牧草采食。

3.靠嗅觉辨别饮水的清洁度

羊喜欢饮用清洁的流水、泉水或井水，而对污水、脏水等拒绝饮用。

五、善于游走

游走有助于增加放牧羊只的采食空间，特别是牧区的羊终年以放牧为主，需长途跋涉才能吃饱喝好，故常常一日往返里程约达到6～10千米。山羊具有平衡步伐的良好机制，喜登高，善跳跃，采食范围可达崇山峻岭、悬崖峭壁，如山羊可直上直下60°的陡坡，而绵羊则需斜向作"之"字形游走。

第三节　肉羊的主要特点

肉羊是适应外界环境最强的家畜之一，其食性广、耐粗饲、抗逆性强。饲养肉羊投资少、周转快、效益稳、回报率高。近年来，国内外羊肉市场发生了一些变化，为肉羊产业的发展提供了巨大的空间，使肉羊生产成为一个黄金产业。由于市场对羊毛和羊肉的需求关系发生了变化，养羊业由毛用为主转向肉毛兼用进而发展到肉用为主，肉羊生产发展迅速。

肉羊的肉用特点：

一、体格大、生长快、肌肉多、脂肪少

肉羊腿部肌肉发达，体躯呈圆筒状，脂肪少，早期生长速度快，并以产肉性能高、胴体瘦肉多而出名，是杂交利用或改良地方品种时的优秀

父本。

二、具有典型的肉用性能

不同的品种，在体格、体型方面是不同的，这使得肉羊的生长率、产肉量和胴体组成方面表现出较大的差异。优秀肉羊品种在育肥期平均日增重 0.7~0.8 千克，12 月龄可达 80~90 千克。而地方品种日增重仅有 0.35~0.40 千克，可见差距之大。

三、肉的营养价值高

羊肉蛋白质含量高达 8%~9.5%，而且人食用后的消化率高达 90% 以上。羊肉能提供大量的热能，是猪肉的 2 倍以上。所以羊肉长期以来备受消费者的青睐。

四、肉品等级高

肉羊的肉品等级明显高于普通羊，肉色鲜红、纹理细致、富有弹性、大理石花纹适中、脂肪色泽为白色或带淡黄色、胴体体表脂肪覆盖率 100%。普通的羊肉很难达到这个标准。

第三章
生态养殖肉羊的繁殖技术

第一节　肉羊的生殖器官与生理机能

一、公羊的生殖器官与生理机能

公羊的生殖器官包括睾丸、附睾、输精管、副性腺、阴茎等。

（一）睾丸

睾丸的主要功能是生产精子和分泌雄性激素。睾丸分左右两个，呈椭圆形。它和附睾被白色的致密结缔组织膜（白膜）包围。白膜向睾丸内部延伸，形成许多膈膜，将睾丸分成许多小叶。每个睾丸小叶有 3～4 个弯曲的精细管，称曲细精管，这些精细管到睾丸纵隔处汇合成为直细精管，直细精管在纵隔内形成睾丸网。精细管是产生精子的地方。睾丸小叶的间质组织中有血管、神经和间质细胞，间质细胞产生雄性激素。成年公羊双侧睾丸重 400～500 克。

（二）附睾

附睾是储存精子和精子最后成熟的地方，也是排出精子的地方。此外，附睾管的上皮细胞分泌可供给精子营养和运动所需的物质。附睾附着在睾丸的背后缘，分头、体、尾 3 部分。附睾的头部由睾丸网分出的睾丸输出管构成，这些输出管汇合成弯曲的附睾管而形成附睾体和尾。

（三）输精管

输精管是精子由附睾排出的通道。它为一厚壁坚实的束状管，分左右两条。从附睾尾部开始由腹股沟进入腹腔，再向后进入骨盆腔到尿生殖道起始部背侧，开口于尿生殖道黏膜形成的精阜上。

（四）副性腺

副性腺包括精囊腺、前列腺和尿道球腺。副性腺体的分泌物构成精液的液体部分。

1. 精囊腺

精囊腺位于膀胱背侧，输精管壶腹部外侧，与输精管共同开口于精阜上。其分泌物为淡乳白色黏稠状液体，含有高浓度的蛋白质、果糖、柠檬酸盐等成分，供给精子营养和刺激精子运动。

2. 前列腺

前列腺位于膀胱与尿道连接处的上方。公羊的前列腺不发达，由扩散部构成。其分泌物是不透明的稍黏稠的蛋白样液体，呈弱碱性，能刺激精子，使其活动力增强，并能吸收精子排出的二氧化碳，有利于精子生存。

3. 尿道球腺

尿道球腺位于骨盆腔出口处上方，分泌黏液性和蛋白样液体，在射精以前排出，有清洗和润滑尿道的作用。

（五）阴茎

阴茎是公羊的交配器官，主要由海绵体构成，包括阴茎海绵体、尿道阴茎部和外部皮肤。成年公羊阴茎全长为 30～35 厘米。

二、公羊的性行为和性成熟

公羔的睾丸内出现成熟的具有受精能力的精子时，即是公羊的性成熟期。一般公羊的性成熟期在 5～7 月龄。性成熟的早晚受品种、营养条件、个体发育、气候等因素的影响。公羊的性行为主要表现为性兴奋、求偶、交配。公羊表现性行为时，常有举头、口唇上翘、发出连串鸣叫声等动作，性兴奋发展到高潮时进行交配。公羊交配动作迅速，时间仅数十秒。

三、母羊的生殖器官与生理机能

母羊的生殖器官包括卵巢、输卵管、子宫、阴道等。

（一）卵巢

母羊的卵巢左右各一个，是生殖器官中的主要性腺。卵巢的生理功能：卵巢是卵泡发育和排卵的场所；卵巢也是内分泌器官。卵泡内膜分泌的雌激素是导致母羊发情的直接因素。

（二）输卵管

输卵管位于卵巢和子宫之间，是精子完成获能、精子和卵子完成受精过程的地方。

（三）子宫

子宫包括两个子宫角、一个子宫体和一个子宫颈，位于骨盆腔前部、直肠下方、膀胱上方。子宫口伸缩性极强，妊娠子宫由于其面积和厚度增加，重量可超过未妊娠子宫的 10 倍。子宫角和子宫体的内壁有很多盘状组织，称子宫小叶，是胎盘附着在母体并获得营养的地方。子宫颈为子宫和阴道的通道，不发情和未妊娠时子宫颈收缩得很紧，发情时稍微开张，便于精子进入。子宫的生理功能：一是发情时，子宫借肌纤维有节律的、强而有力的收缩作用运送精液；分娩时，子宫以其强有力的阵缩排出胎儿。二是胎儿发育生长的地方。子宫内膜形成的母体胎盘与胎儿胎盘结合成为胎儿与母体交换营养和排泄物的器官。三是在发情期前，子宫内膜分泌的前列腺素 F2α 对卵巢黄体有溶解作用，致使黄体机能减退，在促卵泡素的作用下引起母羊发情。

（四）阴道

阴道是母羊的交配器官，也是分娩时的通道。

第二节　发情与发情鉴定

一、母羊的初情期与性成熟

性机能有一个发生、发展和衰老的过程，一般分为初情期、性成熟期及繁殖机能停止期。母羊幼龄时期的卵巢及性器官均处于未完全发育状态，卵巢内的卵泡在发育过程中多数萎缩闭锁。随着母羊的生长发育，当母羊达到一定的年龄和体重时，发生第一次发情和排卵，即到了初情期。此时，母羊虽有发情表现，但不完全，发情周期也往往不正常，其生殖器官仍在继续生长发育中。此后，垂体前叶产生大量促性腺激素释放到血液中，促进卵泡发育，同时，卵泡产生雌激素释放到血液中，刺激生殖道的生长发育。绵羊的初情期为 4～8 月龄。国内某些早熟多胎品种如小尾寒羊、湖羊初情期为 4～6 月龄。

母羊到了一定年龄，生殖器官已发育完全，具备了繁殖能力，此时称为性成熟期。性成熟后，母羊就能够配种繁殖后代，但此时其身体的生长发育尚未成熟，故性成熟时并非最适宜的配种时期。实践证明，幼畜过早配种，不但严重阻碍本身的生长发育，而且严重影响后代体质和生产性能。肉用母羊性成熟为 6～8 月龄。母羊的性成熟主要取决于品种、个体、气候和饲养管理条件等因素。早熟种的性成熟期较晚熟种早，温暖地区较寒冷地区早，饲养管理好的性成熟也较早。但是，母羊初配年龄过迟，不仅影响其遗传进展，而且也会造成经济上的损失。因此，要提倡适时配种。一般而言，初配母羊在体重达成年体重 70％（即成年母羊体重 50 千克，初配母羊为 35 千克）时可开始配种。肉用母羊配种适龄为 12 月龄，早熟品种、饲养管理条件好的母羊，配种年龄可较早。

二、母羊发情与发情周期

（一）发情

发情母羊能否正常繁殖，往往决定于其能否正常发情。正常发情是指母羊发育到一定程度所表现出的一种周期性的性活动现象。母羊发情的变化包括三个方面：

1. 母羊的精神状态

母羊发情时，常常表现兴奋不安，对外界刺激反应敏感，食欲减退，有交配欲，主动接近公羊，在公羊追逐或爬跨时常站立不动。

2. 生殖道的变化

发情期中，在雌激素的作用下，母羊生殖道发生了一系列有利于交配活动的生理变化。发情母羊外阴松弛、充血、肿胀，阴蒂勃起，阴道充血、松弛，阴道分泌有利于交配的黏液，子宫颈口松弛、充血、肿胀，并有黏液分泌。子宫腺体增长，基质增生、充血、肿胀，为受精卵的发育做好了准备。

3. 卵巢的变化

母羊在发情前 2～3 日卵巢的卵泡发育很快，卵泡内膜增厚，卵泡液增多。卵泡部分突出于卵巢表面，卵子被颗粒层细胞包围。

（二）发情持续期

母羊每次发情持续的时间称为发情持续期。绵羊发情持续期为 30 小时左右，山羊为 24～48 小时。母羊排卵一般多在发情后期，成熟卵排出后在输卵管中存活的时间为 4～8 小时，公羊精子在母羊生殖道内受精作用最旺盛的时间约为 24 小时。为了使精子和卵子得到充分的结合机会，最好在排卵前数小时内配种。因此，比较适宜的配种时间应在发情中期（即发情后 12～16 小时）。在养羊生产实践中，早晨试情，挑出的发情母羊早晨配种，傍晚再配 1 次，效果较好。

（三）发情周期

发情周期即母羊从上一次发情开始到下次发情的间隔时间。在一个发情期内，未经配种或虽经配种而未受孕的母羊，其生殖器官和机体发生一系列周期性变化，会再次发情。绵羊发情周期平均为 16 天（14～21 天），山羊平均为 21 天（18～24 天）。

三、发情鉴定

（一）外部观察法

观察母羊的外部表现和精神状态，如母羊是否兴奋不安，外阴部的充血、肿胀程度，黏液的量、颜色和黏性等，是否爬跨别的母羊，以及是否摆尾、鸣叫等。

（二）试情法

用公羊来试情，根据母羊对公羊的表现判断发情是较常用的方法之一。此法简单易行，表现明显，易于掌握，广泛用于各种家畜。试情公羊应健壮、无疾病、性欲旺盛、无恶癖。在大群羊中多用试情法定期进行鉴定，以便及时发现发情母羊。

（三）阴道检查法

通过用开腔器检查阴道的黏膜颜色、润滑度、子宫颈颜色、肿胀情况、开张度大小以及黏液量、颜色、黏稠度等来判断母羊的发情程度。此法不能精确判断发情程度，已不多用，但有时可作为母羊发情鉴定的参考。

第三节　配种方法

一、配种时间的确定

配种时间的确定，主要是根据各地区、各羊场的年产胎次和产羔时间。年产1胎的母羊，有冬季产羔和春季产羔两种：冬季产羔时间在1～2月，需要在8～9月配种；春季产羔时间在4～5月，需要在11～12月配种。两年三产的母羊，第一年5月配种，10月产羔；第二年1月配种，6月产羔；9月配种，翌年2月产羔。对于一年两产的母羊，可于4月初配种，当年9月初产羔；第二胎在10月初配种，翌年3月初产羔。

二、配种方法

羊的配种方法有自由交配、人工辅助交配和人工授精三种。

（一）自由交配

自由交配为最简单的交配方式。在配种期内，可根据母羊多少，将选好的种公羊放入母羊群中任其自由寻找发情母羊进行交配。该法省工省事，适合小群分散的生产单位，若公母羊比例适当，可获得较高的受胎率。其缺点为：

① 无法控制产羔时间。

② 公羊追逐母羊，无限交配，造成公羊不安心采食，耗费精力，影响健康。

③ 公羊追逐爬跨母羊，影响母羊采食抓膘。

④ 无法掌握交配情况，后代血统不明，容易造成近亲交配或早配，难以实施计划选配。

⑤ 种公羊利用率低，不能发挥优秀种公羊的作用。

为了克服以上缺点，在非配种季节公、母羊要分群放牧管理，配种期内如果是自由交配，可按 1∶25 的比例将公羊放入母羊群，配种结束后将公羊隔出来。每年群与群之间要有计划地进行公羊调换，交换血统。

（二）人工辅助交配

人工辅助交配，是将公、母羊分群隔离放牧，在配种期内用试情公羊试情，有计划地安排公、母羊配种。这种交配方式不仅可以提高种公羊的利用率，增加其利用年限，而且能够有计划地选配，提高后代质量。交配时间，一般是早晨发情的母羊傍晚配种，下午或傍晚发情的母羊于次日早晨配种。为确保受胎，最好在第一次交配后间隔 12 小时左右再重复交配 1 次。

（三）人工授精

人工授精是用器械采取公羊的精液，经过精液品质检查和一系列处理，再将精液输入发情母羊的生殖道内，达到母羊受胎的配种方式。人工授精可以提高优秀种公羊的利用率，比本交提高与配母羊数数十倍，节约饲养大量种公羊的费用，加速羊群的遗传进展，并可防止疾病传播。

第四节　人工授精技术

人工授精技术包括采精、精液品质检查、精液的稀释、精液的保存和输精等主要技术环节。

一、采精

① 选择发情好的健康母羊作台羊，后躯应擦干净，头部固定在采精架上（架子自制，离地通常一个羊体高）。训练好的公羊，可不用发情母

羊作台羊，用公羊作台羊、假台羊等都能采出精液来。

②种公羊在采精前，用湿布将其包皮周围擦干净。

③假阴道的准备：首先将消毒过的、酒精完全挥发后的内胎，用生理盐水棉球或稀释液棉球从里到外地擦拭，在假阴道一端扣上消毒过并用生理盐水或稀液冲洗后甩干的集精瓶（温度低于 25℃时，集精瓶夹层内要注入 30～35℃的温水）；然后在外壳中部注水孔注入 150 毫升左右的 50～55℃的温水，拧上气卡塞，套上双连球打气，使假阴道的采精口形成三角形，并拧好气卡塞；最后把消毒好的温度计插入假阴道内测温，温度以 39～42℃为宜，在假阴道内胎的前 1/3 涂抹稀释液或生理盐水作润滑剂。

④采精操作：采精员蹲在台羊右侧后方，右手握假阴道，气卡塞向下，靠在台羊臀部，假阴道和地面约呈 35°角；当公羊爬跨、伸出阴茎时，左手轻托阴茎包皮，迅速地将阴茎导入假阴道内，公羊射精动作很快，发现其抬头、挺腰、前冲，表示射精完毕，全过程只有几秒钟；随着公羊从台羊身上滑下，将假阴道取下，立即使集精瓶的一端向下竖立，打开气卡塞，放气后取下集精瓶（不要让假阴道内水流入精液，外壳有水要擦干），送操作室检查。采精时，精神必须高度集中，动作敏捷，做到稳、准、快。

⑤种公羊每天可采精 1～2 次，采 3～5 天休息 1 天。必要时每天采 3～4 次。二次采精后，让公羊休息 2 小时后再进行第三次采精。

二、精液品质检查

精液检查分两个方面：眼睛检查和显微镜检查。

1. 眼睛检查

眼睛检查主要是检查精液量。从集精瓶壁的刻度上看公羊的精液量，公羊的一次射精量一般是 1 毫升，多的可以到 2 毫升。同时要检查精液的颜色和气味。正常的精液是乳酪色的，具有特别的气味，但不是臭味。如果精液带红色，就说明精液中可能带有血液；如果精液带绿色，就说明精液中可能含有脓。带有不正常颜色和发臭的精液，不能用来人工授精，并且要把采精公羊送给兽医检查和治疗。

2. 显微镜检查

能用作人工授精的精液，在显微镜里所看到的精子非常多，精子和精子之间差不多没有空隙，只见无数精子在运动。在显微镜里看到的精子中，大约有 80% 做直线运动，其余 20%，或做回旋运动，或者不前进。精子的活动情况和室内温度有很大关系，温度高了，精子活动就快；温度低了，精子活动就减弱。因此检查精子活力时，规定室内温度必须保证在 18～25℃。精液处理室的室温应经常维持温暖，并在墙上挂一支温度计。

三、精液的稀释

稀释精液的目的在于扩大精液量，提高精子活力，延长精子存活时间。常见稀释液有以下几种：

1. 生理盐水稀释液

用注射用的 0.9% 生理盐水或经过灭菌消毒的 0.9% 氯化钠溶液稀释精液，此种方法简单易行，但稀释倍数不宜超过两倍。

2. 葡萄糖卵黄稀释液

100 毫升蒸馏水中加入葡萄糖 3 克、柠檬酸钠 1.4 克，溶解过滤后灭菌冷却至 30℃，加新鲜卵黄液 20 毫升，充分混合。

3. 羊奶稀释液

用新鲜羊奶以脱脂纱布过滤，蒸汽灭菌 15 分钟，冷却至 30℃，吸取中间奶液可作稀释液。

上述稀释液中，每毫升稀释液应加入 500 国际单位青霉素和链霉素，调整溶液 pH 为 7 后使用，精液稀释应在 25～30℃下进行。

四、精液的保存

为扩大优秀种公羊的利用效率、利用时间和利用范围，需要有效地保存精液，延长精子的存活时间。为此必须降低精子的代谢，减少能量消耗。在实践中，可采用降低温度、隔绝空气和稀释等措施抑制精子的运动和呼吸，降低其能量消耗。

1. 常温保存

精液稀释后，保存在 20℃ 以下的室温环境中，在这种条件下，精子运动明显减弱，可在一定限度内延长精子的存活时间，在常温下能保存 1 天。

2.低温保存

在常温保存的基础上，进一步缓慢降低温度至 0～5℃。在这个温度下，物质代谢和能量代谢降到极低水平，营养物质的损耗和代谢产物的积累缓慢，精子运动完全停止。低温保存的有效时间为 2～3 天。

3.冷冻保存

家畜精液的冷冻保存，是人工授精技术的一项重大革新，它可长期保存精液。目前，羊、马精液冷冻已取得了令人满意的效果。羊的精子由于不耐冷冻，因此冷冻精液受胎率较低，一般受胎率 40%～50%，少数实验结果达到 70%。

冷冻精液保存的过程包括稀释、平衡、冷冻、解冻。冷冻方法可分为氨冷冻法、颗粒冷冻法和细管冷冻法。

五、输精

1.输精前的准备

（1）母羊的准备　母羊经发情鉴定后，确定已到输精时间，不需要保定，对其外阴进行清洗消毒。

（2）器械准备　输精所用的器械应彻底消毒，用稀释液冲洗后才能使用，玻璃输精器适合鲜精输精，卡苏式输精枪适合细管冷冻精液的输精。

（3）精液准备

① 低温保存的精液　升温到 35℃以后，活力在 0.5 以上。

② 冷冻精液　需先行解冻，并检查活力在 0.3～0.35 以上。

③ 鲜精　用蔗糖奶粉稀释液稀释 2 倍，活力在 0.5 以上。

（4）术者准备　输精人员应穿好工作服，动作应熟练。

2.输精

先用消过毒的棉球蘸水将母羊的阴户清洗干净，再换一棉球蘸生理盐水擦拭一遍，而后将涂抹生理盐水的开腔器慢慢插入母羊的阴道内，展开开腔器，寻找母羊的子宫颈。青年母羊的阴道通常狭窄，所以开腔器在其中要缓慢推进。成年母羊的阴道一般松弛，且分泌物多，开腔器较易插入。找到子宫颈后，将输精器置于子宫颈口内 0.5～1 厘米处开始输精，输精结束后拍打一下母羊臀部，使其子宫颈收缩，以防精液外流。对于阴道狭窄的一般青年母羊和阴道狭短的山羊，可用以下两种方法输精：

（1）指导子宫颈口输精法　方法是通过手指的引导，将精液输到要求到达的部位。具体操作是，左手食指戴上指套，伸入母羊的阴道深部，触及子宫颈，右手持输精管沿左手食指导入子宫颈口后输精。

（2）倒立阴道底部输精法　本法是模拟公、母羊的自然交配模式，把精液输入母羊的阴道底部。具体方法是，把母羊两后腿提起，使其前肢着地、倒立，同时用两腿夹住羊的前躯进行保定。输精员用手拨开母羊阴户，持输精管沿母羊阴道背部插入阴道底部输精。母羊一个情期内可输精2～3次。

3.掌握最佳输精时机

母羊发情后，在最合适的时间输精是保证较高受胎率的关键，排卵时间多在发情结束后 10 小时。首次输精时间应在发情开始后 10～12 小时，此时受胎率最高，间隔 8～10 小时可做第二次输精。输精完毕后要缓慢抽出输精枪，防止动作过快造成负压使精液逆流。若发现精液大量逆流必须重新输精。

输精的关键是严格遵守操作规程，操作要细致，子宫颈口要对准，精液量要足够。输精后的母羊要登记，按输精先后组群。加强饲养管理，为增膘保胎创造条件。

第五节　提高繁殖力的途径

一、加强选育及选配

1.种公羊的选择

要求所选种公羊体形外貌符合种用要求、体质健壮、睾丸发育良好、雄性特征明显。对种公羊的精液品质必须经常检查，及时发现和剔除不符合要求的公羊，同时应注重从繁殖力高的母羊后代中选择培育公羊。

2.母羊的选择

从生产角度考虑，要从多胎的母羊后代中选择优秀个体，以期获得多胎性能强的母羊，并注意母羊的泌乳和哺乳性能。也可根据品系选择多胎母羊，如澳大利亚希尔培育出的羊群具有较高的繁殖力，初期在该羊群中选出 1 只一产五羔的公羊和 13 只一产三羔和四羔的母羊，以后增加为 1 只一产五羔的公羊和 1 只一产六羔的母羊，组成核心群，推行计划培育，终于培育出多产细毛羊布鲁拉品系，平均产羔率为 210%。

羊的繁殖力随着年龄的增长而增长，4～5 岁时达到最高。在选择过程中，应特别注意初产母羊的多胎率对后代繁殖率的影响。据报道，初产单羔的母羊，随后三产平均每产可分别产羔 1.33 只、1.31 只、1.40 只。而初产双羔的母羊，随后三产平均每产分别产羔 1.73 只、1.71 只、1.88 只。可见通过对初产母羊的选择，能够提高羊的多胎性能。正确选配是提高繁殖力的一个重要方法。通过选用双胎公羊配双胎母羊，将所产多胎的公、母羔羊留作种用，有助于提高繁殖力。用双胎公羊配双胎母羊时，每只母羊平均产羔 1.49 只；单胎公羊配双胎母羊时，每只母羊平均产羔 1.35 只；单胎公羊配单胎母羊时，每只母羊平均产羔 1.22 只。

二、羔羊的早期配种

国内外许多研究证实，提早母羊的初配年龄，总的来说，对其生长发育并无明显的不良影响，而对生产及育种则是十分有益的。首先，早期羔羊生产可增加母羊终生生产能力，提高羊只生产效率；其次，可缩短世代间隔，加快遗传进展及育种进程；最后，早配的母羊母性强，难产情况较少。因此，目前国外有些国家已把母羊的初配年龄提早到 6～9 月龄，使母羊 11～14 月龄时产羔，改变了过去在 1～1.5 岁，甚至 2.5 岁才配种的传统做法。我国的早熟绵羊品种小尾寒羊、湖羊，6～7 月龄即可配种，春天出生的羔羊，秋天即可配种。

试验证实，母羔由于早配，会使其早期生命阶段的生长发育暂时受阻。然而，到周岁时，与未配种的同龄母羊比较，其体重相差甚微。研究妊娠和泌乳对母羔生长发育的影响时发现，一般妊娠到 120 天时，对母体的生长没有显著的影响。7～12 月龄妊娠的母羊，能使身体最晚成熟的组织（脂肪）的生长大为减缓，但对身体结构或早熟组织（神经、骨骼、肌肉）的生长发育并未产生不利的影响。

公羔的配种能力及精液质量一般低于成年公羊。因此，用公羔配种时，其配种额要适当减少。用品质好的公羔精液配种，一般都能收到良好的效果。用于进行早龄配种的公羔，其生长发育要好，阴茎发育要充分，睾丸发育要正常。公羔早龄配种一般在6～9月龄。

对于早熟品种，在良好的饲养管理条件下，6～9月龄配种是完全可取和有益的。

影响早龄母羊配种产羔的因素：

（1）体形大小和体况　一般认为，在达到成熟体重65％时即可配种。因此，初配之前的饲养管理尤为重要。

（2）品种　早熟品种到6～7月龄时，体格、体况等都已达到正常繁殖的要求，而晚熟品种则差些。

（3）性状选择　通过对初情期这一性状进行选择，可使群体的初配时间提早。在对公羊进行睾丸大小的选择时，发现大睾丸公羊的初情期比小睾丸公羊的初情期早。

（4）母羔出生时间和繁育季节　研究表明，2月出生的母羔，9～10月份配种最好。

（5）配种方式　母羔与成年母羊同群参加配种，会降低母羔的繁殖力，因此，母羔及成年母羊应分群配种；用周岁公羔可以提高母羔的产羔率。

三、加强营养

在配种前及配种期，应给予公、母羊足够的蛋白质、维生素和矿物质等营养物质。营养状况不但直接影响公羊精子的生成，而且对母羊的胚胎早期存活率也有很大影响。当体况差时，母羊为胎盘提供葡萄糖的能力差，导致胚胎长期发育不良，甚至造成胚胎着床前死亡。某些矿物质的缺乏也会影响羊的繁殖性能。有试验表明，于配种前15天开始，每日补喂混合精料（玉米75％），连续补喂2个月，母羊的受胎率提高29.97％；在饲料中添加含锌、硒和铜等的复合添加剂，母羊的受胎率提高10％，繁育率提高10％。在配种前2～3周，适当提高母羊的营养水平，能有效地提高母羊的排卵率和发情率。

维生素对羊的繁殖性能也有重要影响。母羊体内维生素 A 不足时，会使其性成熟延迟，卵细胞生长发育受阻，即使卵细胞可发育到成熟阶段，并有受精能力，也会出现流产多、羔羊体质虚弱等不良现象。公羊体内维生素 A 不足，不仅影响精子形成，也可使已形成的精子发生死亡。机体缺乏维生素 D 时，除肠道吸收钙、磷减少，血钙、血磷含量低于正常水平及成骨过程发生障碍外，还会造成母畜发情症候抑制，发情日期推迟。机体缺乏维生素 E 时，体内氧化过程加速，氧化产物积累明显增加，从而对机体繁殖机能产生不良影响。公羊缺乏维生素 E，则睾丸萎缩，曲细精管不产生精子；母羊缺乏维生素 E，则受胎率下降，胚胎和胎盘萎缩，并会经常发生流产。

四、接羔技术及羔羊的护理

（一）准备工作

1.棚圈及用具的准备

应根据各地的气候条件和经济条件，因地制宜地准备接羔室和临时接羔棚，并进行清扫和消毒，使棚舍内地面干燥、通风良好、宽敞明亮。棚舍内留一处供待产母羊用的空地，另外设置一些母仔小圈，其中有20%～30%的产双羔的母仔小圈，面积为 1.8 米²，产单羔的母仔小圈面积为 1.2 米²。接羔时必要的用具，如草架、料槽、母仔栏栅、涂料、磅秤、产羔记录、耳标等，都要事先准备好。

2.饲草饲料的准备

在接羔点附近，根据羊群的大小和牧草的产量及品质，划留一定面积的产羔用草场，以满足产羔母羊一个月的放牧需要。还应为母羊准备充足的干草和适量的精料、多汁饲料。

3.人员的配备

接羔期间除牧工以外，还需根据羊群的具体情况，增加1～2个辅助接羔员，并在接羔前学习有关接羔的知识和技术。牧工和辅助接羔员应明确责任，加强值班，特别是值夜班。放牧时带上必需的接产物品，如接羔袋、碘酊、药棉、毛巾等。

4.兽医人员及药品的准备

在产羔母羊群比较集中的乡、村或牧场兽医站，应备足产羔期母羊和羔羊常见病所必需的药品和器材，并有兽医负责巡回服务。各产羔点和养羊户应准备好消毒和卫生用品，如来苏尔、碘酊、药棉、纱布和常用药品。

（二）接羔

1.母羊临产前的表现

牧工要经常观察羊群动态。临产母羊有以下特征：乳房膨大，乳头直立，能挤出少量黄色初乳；阴门肿胀，可流出黏液；肷窝下陷，行动困难，频频排尿，起卧不安，回头顾腹；有时用前蹄刨地、鸣叫、停食或不反刍；有时独处墙角、溜边；放牧时落后、掉队。当发现母羊不断起卧、努责或肷窝明显下陷时就应将其送入产圈。

2.正产

母羊产羔时要保持安静，不得惊动它，令其自产。正常产羔，几分钟至半个小时就可产出。分娩过程中先看到胎羊的两个前蹄（蹄底朝向腹部），随之是口鼻，当头顶部露出后，很快即可将羔羊娩出，此为顺产。双羔产出一只后，待5～30分钟即可产出另一只。有时看到胎羊的两后肢先出（蹄底朝向背部），此为倒产，羔羊也可正常产出，胎衣在产后1～3小时内排出。

3.助产

有些羊因胎羊过大或初次产羔阴道狭窄及胎位、胎势不正等原因出现难产；还有多胎羊产出1～2只后，母羊因体力不支、努责乏力出现难产。属于正产难产时，可将胎羊两前肢反复推入拉出数次，使母羊阴门扩大，一手握胎羊两前肢，一手扶头并保护会阴部防止撕裂，随着母羊努责向外拉，帮助胎羊产出。当羊水流失、产道过干时，应涂抹植物油。因胎位、胎势不正而难产时，要将母羊后躯垫高，减少胃肠压力，伸手入产道探明胎位、胎势，在腹腔内调整使之成为顺产或倒产。有时胎羊仅外露一条腿，应将外露的一条腿缚消毒纱布条后推入母羊腹腔（外露纱布条），找到另一条腿，帮助其产出。怀多胎羔的母羊无力产出时要用手向外推母羊下腹部（乳房前），助其娩出。在操作前要将手指甲剪短、磨光，用2%来苏尔液洗手并涂油脂，或戴乳胶手套。遇到难产时不要惊慌，必要时可请兽医。

（三）难产处理

初产母羊的盆骨、阴道狭窄，老龄母羊体质虚弱，母羊一胎多产，杂种羔个体较大等，都容易造成产羔困难。遇到难产时，必须实行助产。

母羊产羔时，如破水后 20 多分钟仍未产出，或仅露蹄和嘴，且又无力努责，必须助产。胎位不正的母羊，也需助产。助产时先应将指甲剪短、磨光，用肥皂水洗手，再用来苏尔液消毒，涂上润滑剂或打一层肥皂。如胎羊过大，可用下列两种方法助产：一是用手随着母羊的努责，握住胎羊两前蹄，慢慢用力拉出；二是随着母羊的努责，用手向上方推母羊腹部，这样反复几次，即可将胎羊产出。如果胎位不正，可先将母羊身体后部用草垫高，将胎羊露出部分推回，伸手入产道摸清部位，慢慢纠正使之成为顺位，然后慢慢将胎羊拉出。个别胎羊畸形助产无效者，可用剖腹产。

羔羊产出后，若只有心脏跳动而无呼吸，可进行人工呼吸。方法是用两手分别握住羔羊的前、后肢，向前、后慢慢活动；或往羔羊鼻腔内吹气；也可提起后肢，轻轻拍打臀部。

（四）羔羊的护理

初生羔羊体质较弱，适应能力及抗病能力均较差，因此应做好羔羊护理工作，提高其成活率。首先应使羔羊尽快吃到初乳，因初乳中含有丰富的营养物质和抗体，能起到增强羔羊体质和防病、抗病的作用。对缺奶羔羊应找保姆羊或人工哺乳。羔羊出生后，应对产室定期消毒，尽量使室温保持恒定，并随时观察母仔情况，对出现病态的羔羊应及时治疗。

第四章 ——»
肉羊生态养殖营养与饲养标准

第一节　肉羊生态养殖的营养特点

一、肉羊消化器官的特点

肉羊属反刍家畜，有四个胃（瘤胃、网胃、瓣胃、皱胃）和相对很长的小肠。其中前三个胃统称"前胃"，黏膜无腺体，不能直接消化食物。瘤胃，俗称"草包"，占据腹腔左半部，容量可占到四个胃总容量的80%，黏膜棕黑色，表面有无数密集的乳头。网胃，也叫蜂巢胃，容满食物时为球形，与瘤胃紧连在一起，作用与瘤胃基本相似。瓣胃，亦即重瓣胃，因内壁有许多的纵裂褶膜，俗称"百叶"，对食物有进行机械压榨和过滤、分离粗细颗粒的作用。皱胃，食物充满后呈圆锥形。在四个胃中，由于只有皱胃的内壁才有腺体，能够大量分泌胃液（其中主要是盐酸和胃蛋白酶），对食物能够真正起到消化的作用，所以严格来说，只有它才是真正意义上的胃，故又叫"真胃"。羊与其他家畜相比，有相对长得多的小肠，特别是山羊，一般为体长的 25～30 倍。很长的小肠意味着它有很强的消化吸收能力。大肠主要的功能是吸收水分和形成粪球。

瘤胃也叫第一胃，不分泌消化酶，但是其内有大量共生的细菌和纤毛虫等微生物。这些共生的微生物能分解消化饲料中的纤维素，使它变为低级挥发性有机酸而被羊吸收，所以羊对粗饲料的消化力比单胃家畜强。这些共生的微生物还能将草料中的蛋白质以及尿素中的氮分解利用，使其变为菌体蛋白质，而后被消化吸收。

羔羊出生后不久，只能在皱胃中消化乳汁，其他三个胃的机能尚未发育好，不能消化纤维素。

羊的盲肠和结肠里也有微生物繁殖，饲料中的部分物质是在这里消化的。此外，羊的消化道比一般家畜相对较长。

由于羊在消化器官构造上有以上特点，所以比一般家畜能更好地消化利用饲料中的营养物质。

二、肉羊的消化生理特点

1. 反刍

反刍是指草食动物在食物消化前把食团经瘤胃逆呕到口中，经再咀嚼和再吞咽的活动。反刍包括逆呕、再咀嚼、再混合唾液和再吞咽四个过程，可将饲料进一步磨碎，同时使瘤胃保持一个极端厌氧、恒温（39～40℃）、pH 值恒定（5.5～7.5）的环境，有利于瘤胃微生物生存、繁殖和进行消化活动。反刍是羊的重要消化生理特点，停止反刍是疾病发生的征兆。羔羊出生后约 40 天开始出现反刍行为。在哺乳期间，羔羊吮吸的母乳不通过瘤胃，而经瘤胃食管沟直接进入皱胃。在哺乳早期补饲易消化的植物性饲料，可促进前胃的发育和提前出现反刍行为。羊反刍多发生在采食后，反刍时间的长短与采食饲料的质量密切相关，饲料中粗纤维含量愈高反刍时间愈长。一般情况下，羊昼夜反刍的时间为 3～4 小时。

2. 瘤胃微生物作用

瘤胃微生物与羊是一种共生关系。由于瘤胃环境适合微生物的生存和繁殖，瘤胃中存在有大量微生物，这些微生物主要是细菌和纤毛虫，还有少量的真菌，每毫升瘤胃内容物含有约 $1×10^{10}$～$1×10^{11}$ 个细菌、$1×10^{5}$～$1×10^{6}$ 个纤毛虫，瘤胃微生物对羊的消化和营养作用具有重要意义。瘤胃是消化饲料中碳水化合物，尤其是粗纤维的重要器官，其中瘤胃微生物起主要作用。羊等反刍家畜之所以不同于猪等单胃家畜，能够以含粗纤维较高、质量较差的饲草维持生命并进行生产，就是因为它们具有瘤胃微生物。羊对饲料中碳水化合物的消化吸收主要在瘤胃中进行。在瘤胃的机械作用和微生物酶的综合作用下，碳水化合物（包括结构性和非结构性碳水化合物）被发酵分解，分解的终产物是低级挥发性脂肪酸（VFA）。这些挥发性脂肪酸主要是由乙酸、丙酸和丁酸组成，也有少量的戊酸。分解的同时释放能量，部分能量以三磷酸腺苷（ATP）的形式供微生物活动。大部分挥发性脂肪酸被瘤胃壁吸收，部分丙酸在瘤胃胃壁细胞中转化为葡萄糖，连同其他脂肪酸一起进入血液循环，而葡萄糖和脂肪酸是反刍动物能量的主要来源。羊从饲料中采食的 55%～95% 的可溶性碳水化合物、70%～95% 的粗纤维是在瘤胃中被消化的。瘤胃微生物可将饲料中的脂肪酸分解为不饱和脂肪酸，并将其氢化形成饱和脂肪酸。羊的主要饲料是牧草，但牧草所含脂肪大部分是由不饱和脂肪酸构成的，而羊体内脂肪大多由饱和脂肪酸构成，且相当数量是反式异构体和支链脂肪酸。由此可见，食入的脂肪酸必须经羊消化道及体内的一系列反应才可成为羊体不饱和脂肪酸。现已证明，瘤胃是对不饱和脂肪酸氢化形成饱和脂肪酸，并将顺式结构的饲料脂肪酸转化为反式结构的羊体脂肪酸的主要部位。瘤胃微生物可以合成 B 族维生素。影响瘤胃微生物合成 B 族维生素的主要因素是饲料中氮、碳水化合物和钴的含量。饲料中氮含量高则 B 族维生素的合成量也多，但氮来源不同，B 族维生素的合成情况亦不同。如以尿素为补充氮源，硫胺素和维生素 B_{12} 的合成量不变，但核黄素的合成量增加。碳水化合物中淀粉的比例增加，可提高 B 族维生素的合成量。给羊补饲钴可增加维生素 B_{12} 的合成量。一般情况下，瘤胃微生物合成的 B 族维生素足以满足羊各种生理状况下的需要。瘤胃微生物还可以合成维生素 K。研究表明，瘤胃微生物可合成甲萘醌-10、甲萘醌-11、甲萘醌-12 和甲萘醌-13，它们都是维生素 K 的同类物，合成后被吸收储存在肝脏中。瘤胃对维生素 A 和 β-胡萝卜素有破坏作用，对维生素 C 有强烈的破坏作用，但破坏作用的机理尚不清楚。

三、肉羊的营养特点

1.日粮以粗饲料为主，是生态养殖的重点

粗饲料除提供营养物质外，对羊还有一些特殊作用。粗饲料是瘤胃的主要填充物，使羊不会产生饥饿感；粗饲料有利于瘤物微生物的生长，维持正常的瘤胃微生物区系，这是生态养殖肉羊非常重要的一个方面；粗饲料可刺激瘤胃，使反刍得以正常进行；粗饲料还有利于维持瘤胃的正常pH值。饲料中缺乏粗饲料，会造成羊的瘤胃胀气和各种疾病。

2.氮营养特点

（1）羊可利用一定量的非蛋白氮和尿素等　瘤胃微生物大部分是以氨作为它们生长繁殖的氮源，饲料中的蛋白质在瘤胃中首先被微生物水解为氨及其他中间产物，瘤胃微生物可利用这些氨合成菌体蛋白。在合成菌体蛋白时是否需要肽和氨基酸目前还不清楚，但在有氨基酸和肽存在的情况下，菌体蛋白的合成量增加。尽管微生物主要是以氨作为合成菌体蛋白的氮源，但非蛋白氮在饲料总氮中的比例不能太大，否则一方面影响氮的利用效率，另一方面瘤胃氨浓度太高易造成羊发生氨中毒。据测定，最适宜瘤胃微生物生长的瘤胃氨浓度范围为每毫升瘤胃内容物0.35～29毫克。

（2）瘤胃菌体蛋白是羊氮营养的主要来源　所有家畜氮营养的实质是氨基酸营养，羊也不例外。但羊等反刍家畜在氨基酸营养上不同于单胃家畜，单胃家畜一般可以直接利用饲料中的氨基酸或将蛋白质分解为氨基酸直接吸收利用，而羊则是通过瘤胃微生物首先将饲料中的氨基酸或部分蛋白质分解后产生的氨基酸合成菌体蛋白，菌体蛋白进入小肠后才能被分解成氨基酸供羊体吸收利用，只有少部分蛋白质经由饲草饲料蛋白提供。在以植物性蛋白质饲料为主的舍饲情况下，60%以上的氮由菌体蛋白提供，所以瘤胃菌体蛋白在羊氮营养中占有相当重要的地位。

瘤胃微生物对饲料蛋白质的降解作用对羊的蛋白质营养存在正负两方面影响。

瘤胃微生物将饲料（特别是粗饲料）中质量较差的蛋白质和无生物学价值的尿素等非蛋白氮转化为菌体蛋白，菌体蛋白的氨基酸组成相对于原饲料来说，种类更加齐全、比例更加平衡，必需氨基酸尤其是限制性氨基酸的含量要比原饲料高得多。一般情况下，菌体蛋白中的必需氨基酸足以满足羊的需要。因此，对羊等反刍家畜而言，很少发生必需氨基酸的缺乏问题。从这方面来说，微生物对饲料蛋白质的降解对羊的氮营养是有利的，这是由于微生物对饲料蛋白质的转化提高了饲料蛋白质的生物学价值。

对一些高产反刍家畜，如高产奶山羊、肉用羔羊等，由于菌体蛋白不能满足其对蛋白质（特别是必需氨基酸）的需要，因此必须在饲料中增加蛋白质含量。在这种情况下，虽然瘤胃菌体蛋白的合成量也会有所增加，但由于瘤胃微生物在分解饲料蛋白质和再合成菌体蛋白的过程中损失的蛋白质量要比增加的蛋白质量多，从而降低了饲料蛋白质的利用效率，这就是反刍家畜对高蛋白日粮中氮的利用率低于单胃动物的原因。针对这种情况，过瘤胃蛋白、过瘤胃氨基酸技术应运而生。

3. 维生素营养特点

一般认为羊等反刍家畜瘤胃微生物可以合成足量的 B 族维生素和维生素 K 来满足它们的需要，因此在饲料中不必添加 B 族维生素和维生素 K。大部分动物都可在体内合成足量的维生素 C。一般牧草中含有大量维生素 D 的前体——麦角固醇，麦角固醇在牧草晒制过程中转变为维生素 D，因此放牧羊或饲喂青干草的舍饲羊一般不会缺乏维生素 D。

瘤胃微生物和羊体本身都不能合成维生素 A，而且瘤胃微生物对饲料中的维生素 A 还有一定的破坏作用，因此通过饲料给羊补充维生素 A 的有效性还有待进一步研究。

4. 矿物质营养特点

矿物质营养至少从两个方面对羊产生影响。一方面，同单胃家畜一样，各种矿物质营养是羊维持生长所必需的营养物质，各种矿物质营养的缺乏或过量，轻则使羊生长发育受阻，重则导致羊发生疾病甚至死亡，如缺镁可导致羊的"青草抽搐病"，缺硒引起羊的营养性白肌病，硒过量则可导致羊中毒等。另一方面，矿物质元素又是瘤胃微生物的必需营养素，通过影响瘤胃微生物的生长代谢、生物量合成等间接影响羊的营养状况。比如，硫是瘤胃微生物利用非蛋白氮合成菌体蛋白的必需元素，钴是瘤胃微生物合成维生素 B_{12} 的必需元素；在饲料中添加铜、钴、锰、锌混合物可有效提高瘤胃微生物对纤维素的消化率；铜和锌有增加瘤胃蛋白质浓度、提高瘤胃微生物总量的作用；铁、锰和钴能影响瘤胃尿素酶活性进而影响瘤胃微生物对非蛋白氮的利用效率。另外，矿物质也是维持瘤胃内环境，尤其是 pH 值和渗透压的重要营养物质。

5. 能量需要特点

对羊来说，能量的供给既要满足羊体本身对能量的需要，又要满足瘤胃微生物对能量的需要。瘤胃微生物合成菌体蛋白首先需要有充足的能量，当饲料有机物被瘤胃微生物分解时，部分能量以 ATP 的形式被释放出来，只有当饲料分解时释放的 ATP 数量与饲料可利用氮成一定比例时，瘤胃微生物的生物合成量才有可能达到最大。而饲料在分解时释放 ATP 的数量与饲料中含有的可发酵有机物密切相关。因此，在确定羊的能量需求时，必须同时考虑饲料中可发酵有机物与可利用氮的比例关系。

羊能量需要的 70％以上是由低级挥发性脂肪酸所提供的，由于各种脂肪酸的能量值是不同的，因此影响瘤胃发酵的因素也必将影响羊对能量的利用率，因此，在以精料为主的情况下，羊对能量的利用率低于单胃动物。

第二节　肉羊生态养殖的营养需要

能量、蛋白质、矿物质、维生素和水是羊所需的五种营养物质。羊对这些营养物质的需要可分为维持需要和生产需要。维持需要是指羊为维持正常生理活动，体重不增不减、也不进行生产时所需的营养物质量。生产需要是指羊在进行生长、繁殖、泌乳和产毛等生产活动时对营养物质的需要量。

由于羊的营养需要量大都是在实验室条件下通过大量试验，并用一定数学方法（如析因法等）得到的估计值，一定程度上也受试验手段和方法的影响，加之羊的饲料组成及生存环境差异性很大，因此在实际使用时应做一定的调整。

一、能量需要

目前表示能量需要的常用指标有代谢能和净能两大类。由于不同饲料在不同生产目的情况下代谢能转化为净能的效率差异很大，因此，采用净能指标较为准确。羊的维持、生长、繁殖、产奶和产毛所需净能需分别进行测定和计算。维持能量需要和生产能量需要的总和就是羊的能量需要量。

二、蛋白质需要

蛋白质需要量目前主要使用的指标有粗蛋白质需要量和可消化粗蛋白质需要量。两者的关系式可表达为：可消化粗蛋白质需要量＝粗蛋白质需要量×0.87－2.64。

三、矿物质需要

羊需要多种矿物质，矿物质是羊体不可缺少的组成部分，其既参与调节神经及肌肉系统的活动，营养的消化、运输及代谢，以及体内酸碱平衡等活动，也是体内多种酶的重要组成部分和激活因子。矿物质营养缺乏或过量都会影响羊的生长发育、繁殖和产品生产，严重时导致羊的死亡。

现已证明，至少有15种矿物质元素是羊体所必需的，其中常量元素7种，包括钠、钾、钙、镁、氯、磷和硫；微量元素8种，包括碘、铁、钼、铜、钴、锰、锌和硒。

1. 钠和氯

钠和氯是维持机体渗透压、调节酸碱平衡、控制水代谢的主要元素。此外，氯还参与胃液盐酸的形成，而盐酸有使胃蛋白酶活化的功能。

植物性饲料中钠和氯的含量较少，而羊是以植物性饲料为主的，故易缺乏该两种元素。补饲食盐是对羊补充钠和氯最普遍而有效的方法。食盐对羊很有吸引力，在自由采食的情况下，食盐的采食量常常超过羊的实际需要量。一般认为在日粮干物质中添加0.5%的食盐即可满足羊对钠和氯的需要。

2. 钙和磷

钙和磷是形成骨骼和牙齿的主要成分，少量钙存在于血清及软组织中，少量磷以核蛋白的形式存在于细胞核中或以磷脂的形式存在于细胞膜中。

大量研究表明，在放牧条件下，羊很少发生钙、磷缺乏，这可能与羊喜欢采食含钙、磷较多的植物有关。在舍饲条件下，如以粗饲料为主，应注意补充磷；以精料为主，则应注意补充钙。奶山羊由于泌乳需要将造成体内钙、磷储存严重减少，甚至导致溶骨症。

羊缺乏钙、磷易患佝偻病，并伴有生长缓慢、食欲减退等症状；但供给过量，由于会影响其他矿物质元素的吸收以及抑制瘤胃微生物的生长繁殖，对羊也是有害的。

3.镁

镁是骨骼和牙齿的组成成分，也是体内许多酶的重要成分，具有维持神经系统正常功能的作用。羊缺镁易引起机体代谢失调。缺镁是造成绵羊低血镁强直症（也称青草抽搐症）的主要原因，常发生于产羔后第一个月泌乳高峰期或哺乳双羔的母羊，病羊症状是病羊走路蹒跚，肌肉抽搐，伴随剧烈痉挛，几小时后死亡；但慢性症状不易鉴别，病羊往往出现食欲减退、掉膘等症状。

通过测定血清镁含量可以鉴定羊是否缺镁。正常情况下，血清镁含量为1.8～3.2毫克/毫升，如果降低到1.0毫克/毫升以下，常常会出现上述缺镁症状。由于羊对嫩绿青草中镁的利用率较低，因此在早春放牧期，羊常会发生上述缺镁症状。治疗羊的镁缺乏症可皮下注射硫酸镁制剂，对于以放牧为主的羊，可以对牧草施镁肥而防治镁缺乏症。

4.硫

硫是绵羊、山羊必需矿物质元素之一。羊毛（绒）纤维的主要成分是角蛋白，角蛋白中含硫比较集中，大部分硫以胱氨酸和蛋氨酸形式存在，其中胱氨酸占全部氨基酸的11%～13%，净毛含硫量为2.7%～5.4%。羊毛（绒）越细，含硫量越高。此外，硫还参与氨基酸、维生素和激素的代谢，并具促进瘤胃微生物生长的作用。无论有机硫还是无机硫，被羊采食后均降解成硫化物，然后合成含硫氨基酸。然而硫在常见牧草和一般饲料中含量较低，仅为毛纤维含硫量的十分之一左右。在放牧和舍饲情况下，天然饲料含硫量均不能满足羊毛（绒）的最大生长需要，因此，硫成为绵羊、山羊毛（绒）纤维生长的主要限制因素。大量研究表明，补充含硫氨基酸可显著提高羊毛产量和毛的含硫量，产毛量高的群体对硫元素更敏感。绵羊对硫的需要量为日粮干物质的0.14%～0.26%，适宜日粮氮硫比例（N：S）为10：1（NRC，1985）。

近年来，国内外对山羊硫的营养需要进行了一些研究，当硫含量分别占日粮干物质的 0.16％、0.26％和 0.36％时，山羊的采食量、乳脂率以及 4％标准乳中硫的含量不受日粮含硫量的影响。对毛用安哥拉山羊，当日粮含硫量由 0.16％分别提高到 0.23％、0.29％、0.34％时，经 6 个月试验，日粮含硫量提高不影响家畜的采食量和体重增长，但显著增加毛纤维产量、毛纤维长度和毛纤维强度，而毛纤维细度不受日粮含硫量影响，瘤胃氨态氮、总硫量、蛋白硫含量，以及氮的存留量和毛纤维含硫量均提高。根据试验结果，安哥拉山羊日粮适宜氮硫比为 7.2∶1，最适含硫量为日粮干物质的 0.267％。日粮硫含量过多，可能干扰其他矿物质的代谢。羊补饲非蛋白氮时必须补饲硫，否则会因瘤胃中氮与硫的比例不当而不能被瘤胃微生物有效利用。

5. 钾

钾的主要功能是维持体内渗透压和酸碱平衡。在一般情况下，饲料中的钾可以满足羊的需要。羊对钾的需要量为饲料干物质的 0.5％～0.8％。

6. 碘

碘是甲状腺素的成分，主要参与体内物质代谢过程。碘缺乏表现为明显的地域性，如我国新疆南部、陕西南部和山西东南部等部分地区缺碘，其土壤、牧草和饮水中的碘含量较低。同其他家畜一样，羊缺碘时表现为甲状腺肿大、生长缓慢、繁殖性能降低，新生羔羊衰弱、无毛，成年绵羊羊毛质量下降、产毛量降低。正常成年羊血清中碘含量为 3～4 毫克/100 毫升，低于此数值是缺碘的标志。在缺碘地区，供给羊可舔食的含碘食盐可有效预防缺碘。一般推荐的碘含量为每千克干物质中 0.15 毫克。

7. 铜和钼

铜有催化红细胞和血红素形成的作用，铜与羊毛的生长关系密切，也参与羊毛纤维颜色的形成，是黄嘌呤氧化酶及硝酸还原酶的组成部分。由于铜和钼的吸收与代谢密切相关，因此常把二者放在一起讨论。

除钼和硫外，日粮中锌、铁和钙也影响铜的吸收，当这些元素在日粮中的含量增高时，铜的吸收率下降。不同品种的羊对铜的代谢不同，因此不同品种的羊表现铜缺乏和中毒时血液和肝中铜含量亦不相同，比如，芬兰兰德瑞斯羊血铜含量就比美利奴羊低，而美利奴羊的血铜含量又比一些英国品种羊低。

由于羊对钼的需要量很小，一般情况下不易缺乏，但当日粮中含有较多铜和硫时可能导致钼缺乏，当日粮中铜和硫含量太低时又容易出现钼中毒。

羊缺铜现象的报道较多，其症状是初生羔羊运动失调、贫血或骨骼变形造成骨折。黑色绵羊缺铜的早期症状是因缺少色素羊毛呈灰白色，羊毛生长速度和品质降低。预防羊缺铜可补饲硫酸铜或对草地施含铜的肥料。羊饲料中铜和钼的适宜比例应为（6~10）∶1。

8. 钴

钴参与血红素和红细胞的形成。钴对于羊等反刍动物还有特别的意义，它对瘤胃微生物分解纤维素有促进作用，直接影响维生素 B_{12} 的合成量，钴也对瘤胃蛋白质的合成及尿素酶的活性有较大影响。

血液及肝脏中钴的含量可作为羊体是否缺钴的标志。羊缺钴时表现为食欲减退、生长受阻、饲料利用率降低，成年羊体重下降、贫血以及繁殖力、泌乳量和产毛量降低，严重缺钴时，会阻碍羊对饲料的正常消化，造成妊娠羊流产、青年羊死亡。缺钴可通过口服或注射维生素 B_{12} 来补充，也可用氧化钴制成钴丸，使其在瘤胃中缓慢释放，从而达到补钴的目的。

羊日粮中最佳的钴浓度仍是一个尚未解决的问题，一般认为含钴 0.1 毫克/千克饲料干物质，可满足羊的需要。

9. 硒

硒在动物体内是非常重要的微量元素，特别是在蛋白质的代谢过程中发挥着非常重要的作用，而硒也是微生物的许多酶发挥活性所必需的微量元素，因此硒对瘤胃微生物的蛋白质合成有促进作用。最近的研究表明，硒还参与体内碘的代谢，硒是体内一些脱碘酶的重要组成部分，脱碘酶的活性受硒营养水平的影响，缺硒时脱碘酶失去活性或活性降低。脱碘酶的作用是使三碘甲状腺原氨酸转化为甲状腺素，而甲状腺素是动物体内一种很重要的激素，它调节许多酶的活性，影响动物的生长发育。因此在硒、碘双重缺乏状态下，单纯补碘可能收效甚微，还必须保证硒的供给。研究还表明，硒也与动物冷应激状态下的产热代谢有关，缺硒的动物在冷应激状态下产热能力降低，因而缺硒势必影响新生家畜抵御寒冷的能力，这对我国北方寒冷地区特别是牧区提高羔羊成活率有重要指导意义。

缺硒有明显的地域性，常和土壤中硒的含量有关，当土壤含硒量在0.1毫克/千克以下时，羊即表现硒缺乏症。以日粮干物质计算，每千克日粮中硒含量超过4毫克时即引起羊硒中毒。

世界上很多地方都有缺硒的报道。正常情况下，缺硒与维生素E的缺乏有关。缺硒对羔羊生长有严重影响，主要表现是白肌病，羔羊生长缓慢。此病多发生于出生后2～8周龄的羔羊，死亡率很高。缺硒也影响母羊的繁殖能力。在缺硒地区，给母羊注射1%亚硒酸钠1毫升，羔羊出生后，注射0.5毫升亚硒酸钠可预防此病发生。硒过量引起硒中毒大多数情况下是慢性积累的结果，羊长期采食硒含量超过4毫克/千克的牧草，将严重危害羊的健康。一般情况下硒中毒会使羊出现脱毛、蹄溃烂、繁殖力下降等症状。

10. 锌

锌是羊体内多种酶和激素的组成部分，对羊的睾丸发育和精子形成以及羊毛的生长有作用。锌缺乏使羊角化不全、掉毛、精子畸形，公羊睾丸萎缩，母羊繁殖力下降，缺锌也使生长羔羊的采食量下降，降低机体对营养物质的利用率，增加氮和硫的尿排出量。一般情况下，羊可根据日粮含锌量的多少而调节锌的吸收率，当日粮含锌量少时，羊对锌的吸收率迅速增加并减少体内锌的排出。通常羊的锌需要量为20～33毫克/千克饲料干物质，也有人推荐绵羊日粮的最佳锌含量为50毫克/千克饲料干物质。

11. 铁

铁主要参与血红蛋白的形成，铁也是多种氧化酶和细胞色素酶的成分。缺铁的典型症状是贫血。一般情况下，由于牧草中铁的含量较高，因而放牧羊不易发生缺铁，哺乳羔羊和饲养在漏缝地板上的舍饲羊易发生缺铁。每千克日粮干物质含30毫克铁即可满足各种羊对铁的需要。

12. 锰

锰主要影响羊骨骼的发育和繁殖力，很少有由于缺锰而影响骨骼生长的报道。在实验室条件下，长期饲喂早期断奶羔羊日粮干物质中含 1 毫克/千克锰的饲料，可观察到骨骼畸形发育现象。缺锰导致羊繁殖力下降的现象在养羊实践中常有发生，长期饲喂锰含量低于 8 毫克/千克的日粮，会导致青年母羊初情期推迟、受胎率降低，妊娠母羊流产率提高，羔羊性比例不平衡、公羔比例增加，而且出现母羔死亡率高于公羔的现象。饲料中钙和铁的含量影响羊对锰的需求量。对成年羊而言，羊毛中锰含量对饲料锰供给量很敏感，因此可作为羊锰营养状况的指标。

饲料中锰含量达到 20 毫克/千克时，即可满足各阶段羊对锰的需求。

矿物质营养的吸收、代谢以及在体内的作用很复杂，它们之间有些存在拮抗作用，有的存在协同作用，因此某些元素的缺乏或过量可导致另一些元素的缺乏或过量。此外，各种饲料原料矿物质元素的有效性差别很大，目前大多数矿物质营养的确切需要量还不清楚，各种资料推荐的数据也不一致。在实践中应结合当地饲料资源特点及羊的生产表现进行适当调整。

四、维生素需要

维生素是维持羊生理机能所必需的具有高度生物活性的低分子有机化合物，其主要功能是控制、调节代谢作用，维生素供应不足可引起体内营养物质代谢紊乱。

维生素分为脂溶性维生素和水溶性维生素两大类。脂溶性维生素可溶于脂肪，在羊体内有一定的储存，包括维生素 A、维生素 D、维生素 E、维生素 K 四种。水溶性维生素可溶于水，体内不能储存，必须由日粮中经常供给，包括维生素 C 和 B 族维生素。羊体内可以合成维生素 C，瘤胃微生物可合成 B 族维生素和维生素 K，一般情况下不需要补充。因此，在养羊生产中一般较重视维生素 A、维生素 D 和维生素 E。在羔羊阶段由于瘤胃微生物区系尚未建立，无法合成 B 族维生素和维生素 K，所以需由饲粮中提供。

五、水的需要

水是羊体器官、组织和体液的主要成分，约占体重的一半。水是羊体内的主要溶剂，各种营养物质在体内的消化、吸收、运输及代谢等一系列生理活动都需要水。水对体温调节也有重要作用，尤其是在环境温度较高时，通过水的蒸发，可保持体温恒定。水也参与维持机体细胞渗透压和体内各种生化反应。

羊的需水量受机体代谢水平、生理阶段、环境温度、体重、生产方向以及饲料组成等诸多因素的影响。羊的生产水平高时需水量大，妊娠母羊和泌乳母羊需水量比空怀母羊大，环境温度升高时需水量增加，采食量大时需水量也大，一般情况下，成年羊的需水量约为采食干物质的2～3倍。由于水来源广泛，在生产中往往重视不够，常因饮水不足引起生产力下降。为达到最佳效果，天气温暖时，应给放牧羊每日至少两次饮水。

第三节 羊的氮营养体系研究现状

羊的氮营养一直受到养羊工作者的高度重视，是一个相当活跃的研究领域。尤其是近年来，由于科技的发展和研究技术手段的更新，对羊氮营养的研究更加广泛和深入，对其在认识上也有了较大突破。正像遗传学最终进入分子遗传水平一样，羊的氮营养最终也会进入到氨基酸水平或更小单位的氮水平。

一、以小肠蛋白质为基础的反刍动物蛋白质体系

在羊的蛋白质营养及饲养标准中至今仍广泛使用粗蛋白质和可消化粗蛋白质体系，该体系是由 Mitchell（1926 年）提出的，在实际应用和研究中发现它不能真实反映反刍动物蛋白质消化代谢实质，无法准确指导生产。该体系的主要缺点是：①没有反映出日粮蛋白质在瘤胃中的降解和非降解部分；②没有反映出日粮降解蛋白质在瘤胃中转化为菌体蛋白的效率以及菌体蛋白的合成量；③没有反映出进入小肠的日粮非降解蛋白质和菌体蛋白量、氨基酸量及真消化率。针对这些缺点，世界各国在大量研究工作的基础上，相继颁布和发表了反刍动物蛋白质营养新体

系，并开始在生产实践中推广使用。这些新体系的共同特点是以小肠蛋白质为基础，包括瘤胃非降解蛋白质和菌体蛋白。新体系是通过评定饲料能够直接进入小肠的蛋白质量，以及它们在小肠中的消化率来评定饲料的蛋白质营养价值，并以此指标来确定反刍动物的蛋白质营养需要量。新体系首先由英国于 1977 年提出，之后法国、瑞士、北欧、美国、澳大利亚、荷兰等国家和地区相继公布了自己的新蛋白质体系。我国的小肠可消化蛋白质体系于 1985 年由北京农业大学冯仰廉教授提出，经过多年的研究和数据积累，于 1991 年和 1994 年分别通过部级验收和部级专家组鉴定。我国新蛋白质体系对饲料蛋白质营养的评定以及反刍家畜对蛋白质的需要量，是以日粮被反刍家畜采食后进入小肠中的总蛋白质量及其在小肠中的消化率为基础进行的。总蛋白质量是指菌体蛋白和饲料中非降解蛋白质的总和。这两部分蛋白质可以通过以下方法进行测定。

1.菌体蛋白合成量

菌体蛋白合成量可以从两方面进行估测。一方面是利用瘤胃可利用能进行估测。可利用能可采用以下任何一个指标，即饲料在瘤胃发酵时释放的 ATP 数量、可发酵有机物（FOM）、可消化有机物（DOM）、可代谢能（DME）、可发酵代谢能（FME）、可消化碳水化合物（DCHO）、净能（ME）等。由于条件所限，我国目前采用 FOM、DOM 和奶牛能量单位（NND）等指标。冯仰廉根据体内法研究得出菌体蛋白的合成量为：每千克 FOM 可合成 168.9 克或每千克 DOM 可合成 144 克；每个 NND 可合成 40 克。另一方面是利用饲料降解氮估测菌体蛋白合成量。

2.进入小肠的非降解蛋白质量

进入小肠的非降解蛋白质量很容易求出，它等于饲料蛋白质量减去降解蛋白质量。但是由于饲料经瘤胃降解后，残渣中蛋白质的组成（或氨基酸比例）可能与原饲料中蛋白质的组成不同。一些研究表明，植物性蛋白质饲料的蛋白质在降解前后氨基酸比例变化不大，而鱼粉变化较大；精料在降解前后变化不大，而粗饲料降解后的残渣要比原饲料中的氨基酸含量少。因此，对于粗饲料氨基酸降解前后的变化还需进一步研究和积累数据。

3.瘤胃菌体蛋白在小肠中的消化率

瘤胃微生物氮在小肠中的消化率较稳定，不同实验室测得的数据较一致，一般在 0.7～0.9 之间，我国目前建议采用 0.8。

4.饲料非降解蛋白质在小肠中的消化率

由于不同饲料的非降解蛋白质在小肠中的消化率存在较大差异，必须对各种饲料单独进行实际评定，目前还需进一步研究积累数据。

5.小肠可消化氨基酸的利用率

反刍家畜对小肠可消化氨基酸的利用率与单胃家畜基本没有差别。小肠可消化氨基酸的利用率主要取决于各种氨基酸的比例和合成体蛋白的种类以及能量的供给是否充分。这方面各国所采用的参数差异较大。我国目前建议使用的参数为：用于维持 0.7，用于产奶 0.7，用于生长 0.65。用于妊娠和产毛的参数还没有确定，有待进一步研究。

6.新体系下的能氮平衡

在新体系下可以较方便地计算出日粮的能氮平衡状态。冯仰廉提出的计算瘤胃能氮平衡的方法是：对日粮中单个饲料先用平均转化率 0.9 作初步评定，然后把日粮各个饲料用可利用能和饲料降解蛋白质估测所得的两种蛋白质合成量分别相加后，再利用对数和回归公式做最后计算，求出该日粮的瘤胃能氮平衡值，对日粮进行最后的能氮平衡。比如，某一日粮，根据其可利用能估测所得的瘤胃菌体蛋白合成量为 100 克，而根据日粮降解蛋白质估测的瘤胃菌体蛋白合成量为 88 克，那么这个日粮的瘤胃能氮平衡值为 12（即 100－88），说明该日粮的能氮不平衡，氮含量不够。

只有在日粮氮处于正平衡时，尿素等非蛋白氮才可被瘤胃微生物有效利用。冯仰廉（1987 年）提出在日粮能氮平衡为正平衡时反刍家畜利用尿素的潜力（或称尿素的有效用量）为：ESU（克）＝瘤胃能氮平衡值/（2.8×0.8）。

式中 ESU 为尿素的有效用量，单位为克；2.8 是尿素的粗蛋白质当量。

由于新体系尚在不断完善，某些重要参数仍有待确定，且目前提出的参数大多是针对奶羊的，因此目前该体系在羊的饲养实践中还没有应用，但随着该体系的不断完善，必将会在羊的氮营养中得到广泛应用。

二、合理利用非蛋白氮

非蛋白氮（NPN）是一个范围很广的概念，泛指一切非蛋白含氮化合物。天然饲料中含有很多种的 NPN，如酰胺、游离氨基酸、配糖体、生物碱和铵盐等。这里所讨论的 NPN 是指工业合成的含氮化合物。当前可作为反刍家畜氮营养来源的工业合成含氮化合物种类很多，但最常用的是尿素。

NPN 作为反刍家畜的氮营养来源，由于价格低廉，可大幅度降低饲料成本，节约有限的蛋白质饲料，因此有广泛的应用前景。为合理利用 NPN，科学工作者们进行了大量的研究，总结起来大概有以下几点：

（1）使用尿素　目前绝大部分的研究都认为尿素是所有工业合成 NPN 中对反刍家畜饲喂效果最好的非蛋白氮。有人将尿素加工成脂肪酸尿素和磷酸脲，据称效果更好。

（2）羊饲喂的合理用量　一般认为羊尿素饲喂的最大用量为每千克体重 0.1～0.3 克。超过 0.3 克即能引起羊尿素中毒，按日粮干物质计算，如超过 3%，日粮的适口性将大大降低。在不超过最大用量的前提下，可利用尿素利用潜力（ESU）算出给定日粮条件下尿素的合理饲喂量。

（3）影响尿素的 NPN 利用率的主要因素　影响羊等反刍家畜对尿素的 NPN 利用率的因素很多，但其中影响较大的是日粮的能量、蛋白质水平及来源、硫等矿物元素的含量。一般来说，日粮中能量水平越高，反刍家畜利用 NPN 的效率越高；日粮中由淀粉提供的能量占的比例越高，NPN 的利用率越高。饲喂低能量日粮时，粗蛋白质水平超过 10%，NPN 的利用率降低；饲喂高能量日粮时，粗蛋白质含量在 13% 以上，则 NPN 的利用率降低，但在任何情况下日粮中的 NPN 不能超过日粮总氮的 50%。日粮中含有一定量的蛋白质是提高 NPN 利用率的前提条件。硫是合成含硫氨基酸不可缺少的元素，在应用 NPN 特别是大量应用时，必须增加日粮中硫的含量。这对产毛羊特别重要，因为蛋氨酸是毛生长的第一限制氨基酸，一般情况下日粮中 N∶S 值不应超过 10，否则 NPN 的利用率下降。其他矿物质元素特别是铜、钼和钴的含量，因为它们与硫的利用率相互影响，所以可直接或间接地影响 NPN 的利用率。

（4）提高 NPN 利用率的途径　首先在利用 NPN 时必须根据日粮能氮情况，应用冯仰廉推荐的尿素有效用量（ESU）公式确定合理的尿素用量。其次在使用尿素时，用各种方法降低尿素在瘤胃中的分解速度，可有效提高尿素的利用率。这些方法包括改进物理剂型，如尿素丸剂、尿素盐砖等；将尿素与其他物质结合，产生能缓慢水解的新化合物，如脂肪酸尿素等；使用保护剂，如蜡衣尿素、糖衣尿素等。

（5）在日粮中使用尿素等 NPN 的方式　给羊饲喂尿素等 NPN 的方式有很多种，大致可分为：①尿素混合饲料，粉料和颗粒料皆可，但颗粒料的适口性和稳定性较好。②含尿素的高氮浓缩饲料，主要由尿素、矿物质添加剂和载体（如糖蜜或玉米粉、淀粉等）组成。③在青贮或干草中添加尿素。一般在青贮饲料中添加 0.5％的尿素和硫酸混合物，可提高青贮饲料的粗蛋白质消化率；在干草中均匀地喷洒尿素，可收到与氨化处理相同的效果。④尿素食盐舔砖是目前我国广泛应用于养羊实践中的一种利用 NPN 的有效方法，其优点是便于贮藏运输和饲喂，采食均匀，尿素利用率高，安全，不造成羊氨中毒。舔砖中一般含有 5％～20％的尿素和一定量的食盐及其他矿物质元素，一定量的载体（如糖蜜、淀粉或干草粉等）和一定量的凝结剂（如水泥等），通过调节载体和凝结剂用量的比例来控制舔砖的硬度和其他技术指标。

（6）利用尿素时氨中毒的防治　给羊饲喂尿素时，如果用量过多或用法不当很容易引起羊的氨中毒。羊氨中毒的症状是全身痉挛，瘤胃鼓胀，呼吸困难，直到死亡。一般羊血液中氨态氮浓度超过 1 毫升/100 毫升时，即可出现上述症状。因此，饲喂时应注意以下事项：①开始饲喂时，应有 2 周以上的适应期，在此期间，应逐渐增加喂量；②一日用量应分多次饲喂，最好与含淀粉多的精料混合饲喂，避免羊空腹或饥饿时大量采食；③禁止将尿素溶于水中饲喂；④出现轻微中毒症状时，可灌服 20％醋酸溶液（或 20％醋酸钠溶液）和 20％葡萄糖等份溶液，用量为 0.2～0.4 升。

三、过瘤胃蛋白的应用

过瘤胃技术是指将一些营养物质（如氨基酸、蛋白质、脂肪等）经一定的处理后保护起来或使之迅速通过瘤胃，避免或减少其在瘤胃中被分解而直接进入小肠被消化吸收。

一般情况下，瘤胃菌体蛋白基本可以满足羊的蛋白质需要，但对于某些高产品种（或个体）的羊，如高产奶山羊、高产安哥拉山羊或高产毛绵羊，瘤胃菌体蛋白就无法满足它们的蛋白质需要，特别是限制性氨基酸（如蛋氨酸）的需要，必须补充额外的蛋白质或氨基酸，但在饲料中补充这些物质时，由于瘤胃微生物的作用，往往不能收到理想的生产效果。在这种情况下，利用过瘤胃蛋白或过瘤胃氨基酸可有效提高畜产品产量。

目前常用的过瘤胃技术有：

（1）应用不同饲料加工工艺使其中的蛋白质得到保护　如将牧草制成干草可降低牧草蛋白质的瘤胃降解率。热处理一般可保护饲料的蛋白质，但对于不同的饲料需选用不同的加热温度和加热时间。将蛋白质饲料制成颗粒或用胶囊保护，也是常用的一种方法。

（2）用化学处理方法保护蛋白质　常用的化学保护剂有单宁、甲醛、戊二醛、乙二醛等。这些物质一般都能有效地保护蛋白质（或氨基酸），使其免受瘤胃的发酵，但同时也降低了被保护蛋白质在小肠中的消化率。目前较常用的化学保护剂是甲醛。

（3）利用一些脱氨酶抑制氨基酸在瘤胃中的降解　大多数的抗生素都有一定的抗脱氨酶作用。近期有人用动物血液对鱼粉、豆饼等进行处理，据报道，对蛋白质的保护效果较好。

在对饲料进行过瘤胃处理时，很容易造成蛋白质的过度保护，使它们在小肠中的消化率大大降低，反而降低了蛋白质的利用率，因此在处理时应加以注意。

四、氨基酸营养

过去人们一直认为羊等反刍家畜因瘤胃能够合成足量的必需氨基酸，所以反刍家畜不存在必需氨基酸缺乏问题。而且所有家畜的饲养实践和营养研究上也较多重视必需氨基酸的作用，因为人们认为非必需氨基酸可以在动物体内合成。但近年来的研究表明，饲料中的非必需氨基酸的含量对某些畜产品的生产也有很大的影响。当饲料中的某种非必需氨基酸（或非必需氨基酸的总量）太高时，一方面能够刺激肝脏，增加蛋白质合成，因而减少体内游离必需氨基酸的含量；另一方面也能加速必需氨基酸的分解，使血液中必需氨基酸的浓度降低，因而影响其他组织的蛋白质合成，使家畜的生产能力下降。当非必需氨基酸含量低时，由于体内利用必需氨基酸合成非必需氨基酸的速度太低，不能满足组织的最大生长速度，因而也影响家畜的生产能力。Reis 研究蛋氨酸对马海毛生长的作用时发现，当给安哥拉山羊皱胃中每日灌注 1～3 克的蛋氨酸时，能够有效提高马海毛的产量，但如每天灌注 3 克以上时，效果明显下降，当每天灌注 6 克以上时反而抑制马海毛的生长。Web 通过进一步的研究，发现过多的蛋氨酸能严重降低其他氨基酸在细胞中的含量。Reis 等（1990）给美利奴羊真胃每天灌注 45 克 10 种混合氨基酸，羊毛生长速度增加 86%，当灌注的混合氨基酸中的蛋氨酸被等物质的量的半胱氨酸代替后，羊毛生长速度显著降低。Mercer 等（1987）在小白鼠生长实验中发现，当日粮中必需氨基酸和非必需氨基酸的比值为 0.14 时，小白鼠体重下降；当该比值大于 1 时，小白鼠体重的增加减少，因此 Mercer 总结认为，当配合日粮氨基酸时首先应考虑以下 3 个因素：①可利用氮总量；②适当的必需氨基酸和非必需氨基酸比例；③必需氨基酸之间的比例。

以上这些研究结果表明，非必需氨基酸与必需氨基酸具有同等重要的营养作用，尽管非必需氨基酸在体内可以由其他氨基酸转化而成，但由于某种原因，非必需氨基酸的体内转化过程往往不能满足动物组织生长的最大需求（可能与合成速度太慢、浓度低有关）。因此在配合日粮时必须同时考虑非必需氨基酸的含量。在某些情况下，从消化道吸收的非必需氨基酸量不足，也影响家畜的生产能力。

第四节　肉羊生态养殖的饲养管理

一、种公羊的饲养管理

种公羊数量少，种用价值高。俗话说，"公羊好，好一坡，母羊好，好一窝"，对种公羊必须精心饲养管理，要求常年保持中上等膘情、健壮的体质、充沛的精力、良好的精液品质，从而保证和提高种公羊的利用率。

1.种公羊的日粮特点

对种公羊饲料的要求是营养价值高，有足量的蛋白质、维生素和矿物质，且易消化，适口性好。好牧草有苜蓿草、三叶草、青燕麦草等，多汁饲料有胡萝卜、甜菜、青储玉米等，精料有玉米、高粱、豆饼、麦麸等。优质的禾本科和豆科混合的干草为种公羊的主要饲料，一年四季应尽量喂给。夏季补以半数青割草，冬季补以适量青贮料。日粮营养不足时，要补充混合精料。配种任务繁重的优秀公羊，精料中不能只用玉米、大麦、麸皮、豌豆、大豆或饼渣类补充蛋白质。可补给适量的动物性蛋白质饲料。

2.非配种期饲养

为完成配种任务，就要加强饲养、加强运动，有条件时要进行放牧。在非配种期，除放牧外，冬季每日一般补给精料 0.5 千克、干草 3 千克、胡萝卜 0.5 千克、食盐 5～10 克、骨粉 5 克。夏季以放牧为主，适当补加精料，每日喂 3～4 次，饮水 1～2 次。

3.配种期饲养

配种期饲养可分为配种预备期（配种前 1～1.5 个月）和配种期两个阶段的饲养。配种预备期应增加饲料量，按配种喂量的 60%～70%给予，逐渐增加到配种期的精料给量。配种期的种公羊神经处于兴奋状态，经常心神不定，不安心采食，这个时期的管理要特别精心，要使种公羊早起晚睡，饲料要少给勤添、多次饲喂。饲料品质要好，必要时可补给一些鱼粉、鸡蛋、羊奶，用以补充配种时期大量的营养消耗。配种期如蛋白质数量不足、品质不良，会影响种公羊配种性能、精液品质和受胎率。配种期每日饲料定额大致为：混合精料 1.2～1.4 千克、苜蓿干草或野干草 2 千克、胡萝卜 0.5～1.5 千克、食盐 15～20 克、牡蛎粉 5～10 克、血粉或鱼粉 5 克，分 2～3 次给草料，饮水 3～4 次。每日放牧或运动时间约 6 小时。配好的精料要均匀地撒在食槽内，要经常观察种公羊的食欲好坏，以便及时调整饲料，判别种公羊的健康状况。种公羊要远离母羊，不然母羊一叫，种公羊就会站在门口，趴在墙上，东张西望，影响采食。种公羊舍应选择通风、向阳、干燥的地方。每只种公羊约需面积 2 平方米。高温、潮湿会对精液品质产生不良影响，应在凉爽的高地放牧，在通风良好的阴凉处歇宿。

对种公羊的管理要专人负责，保持常年相对稳定，单独组群放牧和补饲，避免公、母混养，以免造成盲目交配，或影响种公羊的性欲。

二、种母羊的饲养管理

种母羊具有繁殖的功能，是羊群发展的基础。羊群内母羊数量多、个体差异大，为保证种母羊正常发情、受胎，实现多胎、多产，羔羊全活、全壮，种母羊的饲养管理必须仔细认真。

1. 分期饲养

种母羊的饲养包括空怀期、妊娠期和哺乳期的饲养。为保持种母羊良好的配种体况，要尽可能做到全年均衡饲养，尤其应搞好种母羊的冬春补饲。

(1) 空怀母羊的饲养管理　是指从羔羊断乳到配种受胎时期的饲养管理。空怀母羊的饲养管理主要是要恢复体况。这期间牧草繁茂，营养丰富，应抓紧放牧或加强舍饲，使空怀母羊很快复状，力争满膘，迎接配种。但对个别体况欠佳、营养不良的羊只，应在配种前1～1.5个月对空怀母羊加强营养，提高饲养水平，使空怀母羊在短期内增加体重和体质，达到发情整齐、受胎率高、产羔整齐、产羔数多。短期优饲的方法有两种：一是延长放牧时间，多在优良牧场放牧，使空怀母羊少走路多吃草，同时补盐和饮水；二是除放牧外，适当补饲精料，增加空怀母羊的营养水平，以达到满膘配种。

(2) 妊娠母羊的饲养管理　是指从妊娠到产羔时期的饲养管理，一般为5个月。妊娠前期（受孕后前3个月）因胎羊发育较慢，需要的营养物质少，一般放牧或给予足够的青草、适量补饲（每只每天50～100克精料）即可满足需要。此期饲草饲料要新鲜易消化，饮水要清洁无冰碴，不使妊娠母羊受惊猛跑，以防止早期隐性流产。妊娠后期（妊娠期后2个月）是胎羊迅速生长之际，初生重的90％是在母羊妊娠后期增加的。这一阶段若营养不足，羔羊初生重小，抵抗力弱，极易死亡，且因母羊膘情不好，到哺乳阶段没做好泌乳的准备而缺奶。因此，此时应加强补饲，除放牧外，每只羊每天需补饲精料500克、干草1～1.5千克、青储料1.5千克、食盐和骨粉15克。给妊娠母羊的必须是优质草料，要注意保胎，发霉、腐败、变质、冰冻的饲料都不能饲喂，饮水温度不能过低。

（3）哺乳母羊的饲养管理　哺乳期一般为 90～130 天，分为哺乳前期（产后 2 个月）和哺乳后期。母乳是羔羊重要的营养物质来源，在出生后 15～20 天内几乎是其唯一的营养来源。此时应保证供应母羊全价饲料，否则母羊泌乳力下降，直接影响羔羊的生长发育；产双羔的母羊和高产母羊，每天补给精料 0.6～0.8 千克、优质干草 1 千克、胡萝卜 0.5 千克；产单羔的母羊，每天补给精料 0.4～0.5 千克、优质干草 0.5 千克、胡萝卜 0.5 千克。在哺乳后期，母羊泌乳力下降，加之羔羊有采食能力，一般母羊可酌情补给精料；纯种高产母羊，可每天补给 0.4～0.5 千克精料。

哺乳母羊放牧的时间应由短到长，距离由近到远，要特别注意天气变化，若有大风雪应提前赶羊回圈。羔羊断奶前几天，要减少母羊的多汁饲料、青储饲料和精料喂量，以防乳房炎的发生。哺乳母羊的圈舍应保持清洁干燥，胎衣、毛团等污物要及时清除，以防羔羊吞食后生病。

2. 管理要点

（1）供应充足饮水　高温季节母羊需水量大，喂水更不能间断；妊娠、哺乳母羊需水量增加，产前、产后母羊易感口渴，饮水不足易使母羊烦躁不安、泌乳停止；喂粗蛋白质、粗纤维和矿物质含量高的饲料时，其供水量同时也要增加。每天要保证放牧前和归牧后供给一次充足饮水。

（2）适宜的温度　温度对母羊的影响很大，舍温超过 25℃时即引起母羊食欲下降，舍温低于 5℃ 或高于 25℃ 时，母羊的繁殖性能将受到影响。要做好夏季防暑降温和冬季保暖工作。

（3）保持环境干燥和安静　雨季是羊病（尤其是肺炎）多发季节，羊舍内应保持干燥，勤换垫草，在地面上撒些石灰或焦泥灰，以吸湿气而保持羊舍干燥。母羊胆小易惊，尤其在分娩、哺乳和配种时，妊娠母羊同圈饲养相互惊扰或强制牵拉等，都可能造成流产。因此，在管理上要细致，保持环境安静。

（4）搞好卫生消毒　及时清除羊舍内的粪便，保持舍内清洁卫生。对食具和饮水器要经常洗刷，定期用 0.1% 高锰酸钾溶液消毒或用水煮沸消毒，并定期对羊舍及周边环境用火碱消毒，以消灭饲养环境中的病原微生物。

（5）合理配种繁殖　正确使用人工授精繁殖技术，可提高繁殖成活率。母羊性成熟一般为 4～8 月龄。一般初配母羊体重接近成年母羊可开始配种。肉用母羊配种适龄为 12 月龄，早熟品种、饲养管理条件好的母羊配种时间可提早；一般配种季节是春、秋两季，最理想的时间是 9～11 月份。种母羊在繁殖选配时，要防止近亲交配及体质、外形有相同缺点的种羊互配而导致后代生产性能下降。

种母羊除了外形好，还应具备产仔多、泌乳量高、母性好的生产性能。母羊如第一胎表现产仔少及母性不好，第二胎仍然差时，须及时淘汰，不能再作种用。

3. 疫病防控

羊痘、山羊传染性胸膜炎、羊炭疽、羊快疫等传染病是危害养羊业的烈性传染病，应及时做好疫苗接种工作，同时要定期驱虫。母羊产仔后，要饲喂一些磺胺类药物，也可就地取材，饲喂适量的蒲公英、地丁、车前子等有消炎作用的野草，以防乳腺炎、阴道炎、败血症等疾病。在管理上，应使羔羊养成定时吃奶、母羊养成定时放奶的习惯，防止母羊乳房中乳汁积存过久而形成乳块，导致乳腺炎发生。同时应注意对母羊采食、饮水、排大小便等日常情况的观察，发现病情及时治疗。

4. 参考配方

种母羊精料的参考配方为：玉米 30%、豆粕 16%、麸皮 50%、骨粉2.5%、食盐 1%、微量元素和维生素 A、维生素 D、维生素 E 粉等 0.5%。

三、羔羊的饲养管理

羔羊出生以后，由母体内进入外界环境，其生活条件骤然改变，极易遭受外界环境条件的影响而发生相应的变化。实践证明，正确的培育方法可以获得其亲代不具有的优良品质，从而提高羊群质量；相反，不正确的培育方法则会引起生长发育不良、生活力降低，甚至使原有亲代的优良品质丧失。所以，对羔羊的培育工作，必须予以足够的重视。

1. 羔羊生长发育的基本规律

生长和发育是两个概念：生长是从小到大、从少到多的数量变化，如肌肉、脂肪、骨骼、皮毛不断增长，体重不断增加，体积不断扩大，体躯向长宽高发展；发育是指体组织、器官发生质的变化。但生长和发育并不是孤立的，也不是截然分开的。在生长的同时都伴有器官和机能的发育，它们是相互统一、相互促进的。羔羊的生长发育规律，在胚胎期胎羊的骨骼增长较快，这时胎羊的营养供给主要来自母体，故而在母羊妊娠期中，要饲喂富含矿物质，尤其是钙、磷的日粮，从而获得健壮体大的初生羔羊。羔羊在哺乳期内体重增加最快，每日平均可达 200 克以上，以后随着日龄的增加而逐渐减慢。试验证明：羔羊出生后的第一年内，在正常的营养条件下，生长发育非常迅速，其体重可达成年体重的 75％，而在出生后头三个月体重可达第一年的 50％，第 4～5 个月可达第一年的 25％，第一年的最后六个月仅为第一年的 25％。

2. 吃足初乳

母羊产后头 3 天的乳汁称为初乳。初乳中含有大量的抗体，其中镁盐很多，可以刺激肠道发生轻泻作用，促使胎粪排出；初乳的营养价值较常乳要高，不但含有大量对促进生长及防止下痢不可缺少的维生素 A，而且含有大量蛋白质，特别是清蛋白及球蛋白要比常乳多 20～30 倍；初乳中的营养物质无须经过肠道分解，可以直接被吸收。初乳是新生羔羊获得抗体的唯一来源，亦是食物的主要来源。因此，羔羊出生后最初几日，应该让其吸吮到足够数量的初乳。

新生羔羊由于胃肠道分泌和消化机能不够完全，但新陈代谢又特别旺盛，对食物的要求很严，因而在羔羊站立起来以后，即要帮助其找到乳头，吮食初乳。但有的母羊（主要是头胎羊）不认羔羊，甚至害怕羔羊，或者在多胎时只偏爱其中的一只或一部分，而不允许其他羔羊吮乳，常造成很大麻烦。为了避免母羊不认羔，在母羊分娩时须注意不要惊动它，不要将羔羊颈部及背部的胎水擦净。为了使母羊认羔和羔羊吮乳，可用短绳将母羊拴在木桩上，有时尚可让牧犬看守，不让母羊乱跑乱动。有条件的地方，可将母仔羊放到狭窄的栏内，使母羊不能逃避，但要防止母羊抵伤羔羊。

3. 羔羊寄养

当母羊乳少或者母羊死亡时，可将羔羊寄养给代乳母羊。代乳母羊需找死了羔羊或泌乳特别多、母性强的母羊。母羊是用嗅觉来辨识羔羊的，所以在寄养时应在夜间将代乳母羊的乳汁抹在羔羊身上，或将羔羊的尿液抹在代乳母羊的鼻端，使气味混淆，无法区别，然后将羔羊放入代乳母羊栏内，如此 2～3 日，即可寄养成功。

4.人工哺乳技术

如果母羊无乳或死亡，除寻找代乳母羊寄养外，常常需要进行人工哺乳，乳用山羊的羔羊，因母羊要挤奶，一般多采用人工哺乳的方法培育。

（1）人工哺乳的方法　目前常用的人工哺乳方法有盆饮法、橡皮哺乳瓶法和自动哺乳器法三种。盆饮法羔羊哺乳很快，每羔一次给乳 220～440 毫升，只需 0.5～1 分钟即可饮光，但对个别羔羊，因饮乳过快，极易产生拉稀现象。而采用橡皮哺乳瓶法和自动哺乳器法，则可以避免这一缺陷。

（2）人工哺乳羔羊的调教　采用人工哺乳的羔羊，一般都要经过训练才能习惯人工哺乳。如果采用的是盆饮法，最初可用两手固定羔羊头部，使其在盆中舐乳，以诱其自己吮食，或让羔羊吸吮指头，并慢慢将羔羊引至乳汁表面饮到乳汁，然后再慢慢取出指头。在用手指头训练羔羊采食乳汁时，事先必须将指甲剪短磨平、洗净，避免刺破羔羊口腔及吮入污垢。用橡皮哺乳瓶或自动饮乳器人工哺喂羔羊时，只要将橡皮头或自动哺乳嘴放进羔羊嘴里，羔羊就会自动吸吮乳汁，训练极为容易。

（3）人工哺乳需注意的几个问题

① 一定要使羔羊吃到足够的初乳，如果初乳不足或没有初乳，可按下列配方配成人工初乳：新鲜鸡蛋 2 个，鱼肝油 8 毫升或浓鱼肝油丸 2 粒，食盐 5 克，健康羊奶 500 毫升，适量的硫酸镁。

② 最初饲喂要量少、次多，随着羔羊日龄的增大而变为次少、量多。严格遵守"定时、定温、定质、定量"四原则。

定时：一般每天喂六次奶，隔 3 小时一次，可安排到上午 7 时、10 时和下午 1 时、4 时、7 时、10 时。随着羔羊日龄的增大，可延长间隔时间，减少喂奶次数。并同时把规定的哺乳时间安排在日程表里，严格遵守。

定温：每次临喂奶前，应把奶加温到 38～40℃。

定质：人工哺喂的奶汁，要用当日的鲜奶，并须经过煮沸消毒；备用的奶要放在凉水内，以免酸败。喂奶用具用过后必须用开水洗净。

定量：按照日龄及体格大小确定哺乳量。一般体格，1～2 日龄，每只每次 50～100 毫升（每日 300～600 毫升）；3～7 日龄，每只每次 100～150 毫升（每日 600～900 毫升）；8 日龄以上，每只每次 200 毫升（每日 1200 毫升）。

③ 喂奶时尽量采用自饮方式，为此可用搪瓷碗或小盆喂奶，在用橡皮哺乳瓶或自动哺乳器喂奶时，不要让哺乳嘴高过头顶，以免把奶灌进气管，造成死亡事故；要让奶头中充满奶汁，以免吸进空气引起肚子胀或肚子痛。病羔和健康羔不能混用同一食器。

④ 在人工哺乳期间，如干草品质优良，在能够完成增重指标的情况下，可以减少哺乳量和缩短哺乳期。同时在 50 日龄以后可用 1.5 千克脱脂奶代替 1 千克全奶喂饲。

⑤ 每次喂奶后，为防止羔羊互相舐食，应用清洁的毛巾擦净羔羊嘴上的余奶，每擦几只羔羊，要将毛巾洗涤一次，然后再用。病羊毛巾要与健康羊毛巾分开存放和使用。

5. 羔羊的补饲

为使羔羊获得更完全的营养物质和促进羔羊消化系统与身体的生长发育，羔羊出生后 8 天开始训练吃料，喂给少量精料。其补饲的精料应该选择质地疏松易于消化的麦麸、玉米粉等。精料放置在小食槽内，最初量不宜过多，随吃随添。其补饲量一般是每日每只羔羊从 8 日龄的 25 克逐渐增至 3 月龄的 100 克；4 月龄时 100 克，并随母羊一道吃食青料、多汁饲料和柔软的精料。羔羊在 50 日龄后，可添加些豆饼、骨粉和鱼粉等精料，到了 2 月龄后，就要喂给品质好的粗料。在运动场内，应经常放置盛有清洁饮水的水盆，让羔羊自由饮用。

6. 羔羊分栏管理技术

初生羔羊主要依靠母乳生活，因此，根据羔羊日龄大小进行必要的分栏，可以方便护理和观察，并可保证羔羊吃到足够的母乳。对分栏管理的母羊放牧安排必须实行"7 天内不分，8～15 天小分，15 天后大分，定时喂奶"的饲养方式。母羊在产后 7 天内不放牧，与羔羊在一起实行舍饲，让初生羔羊吃足初乳。8～15 天，让母羊带羔羊在羊舍附近牧地放牧、运动，并照顾羔羊吃奶，母羊还是实行舍饲补料。15 天后，母羊与羔羊分开，白天出牧，只在早、中、晚让羔羊吃奶 3 次，晚上母仔合居。在母羊出牧时，牧工应在圈舍门口用长竹竿拦住羔羊，不让羔羊随母羊出牧。几次拦羔后，羔羊一般就不随母羊出圈了，这样母羊就可以充分采食牧草，不受羔羊的搅扰。对双羔羊要培养其同时哺乳的习惯，以保证均衡生长。

7. 常温育羔

在产羔季节，即使是冰天雪地，羊舍内也不应采取加温措施，让羔羊在自然环境温度的条件下生长发育。我国养羊实践证明，常温育羔比温室育羔效果好，羔羊生长发育快，抗病力强，成活率高，方法简单，费用低廉。

8. 羔羊的运动和放牧

羔羊性情活泼，出生后 7 天，若天气温和，可让羔羊在舍外晒太阳，最初为 30～60 分钟，1 天 1 次，以后逐渐增加，1 个月后即可随母羊外出放牧。羔羊放牧地应该选择平坦、牧草旺盛、距羊舍不太远的草场。南方各地区的本地山羊在出生后 3～5 天即可随母羊一起放牧。

9. 羔羊的断奶

发育正常的羔羊，在 3.5～4 月龄即可断奶。若羔羊发育好，断奶时间可适当提早一些；若发育较差或计划留作种用的，则断奶时间可适当延长。在羔羊断奶前一个月，除加强放牧外，每只每日补喂精料 100 克，并随同母羊吃食精料和多汁饲料，给予充足的食盐和饮水。断奶时，要逐只称重，做好记录。

断奶的方法，最好采取一次断奶法，以便于母羊、羔羊分别统一饲养管理。由于羔羊出生日期不一，故根据配种期高峰是一个月，而产羔期高峰也是一个月，可以采取产羔期开始后 140 天全部一次断奶，极个别弱小羔羊待满四个月后再断奶。其具体方法是：人工哺乳的，逐渐减少喂奶量，最后停止即可；自然哺乳的，逐渐减少喂奶次数，如由原来 1 天喂奶 3 次，减少到 1 天 2 次，然后 1 天 1 次，两天 1 次，一星期左右完全断掉。断奶后的羔羊仍将留在原来的羊舍内，以免因环境改变而感到不安。

公、母羊要分群饲养。在断奶期间，母仔放牧的相隔距离不可过近，要彼此听不到叫声；对断奶后的母羊要经常进行检查，发现乳房膨胀的，应将奶汁挤掉，以免发生乳房炎。

四、育成羊的饲养管理

育成羊是指断奶后到第一次配种的羊，多在 4～18 月龄。羔羊断奶后 5～10 个月内生长很快，一般情况下，公羊可达 20～25 千克，母羊可达 15～20 千克，此时期对营养物质的需要量较多，只有满足其营养物质的需要，才能保证其正常生长发育。如果育成羊营养不良，就会影响其一生的生产性能，甚至使其性成熟推迟，不能按时配种，从而降低种用价值。

育成羊应按性别单独组群放牧或舍饲。断奶的同时不要断料，在断奶组群放牧后仍需继续补喂几天饲料。在冬、春季，除放牧采食外，还应适当补饲干草、青贮饲料、块根和块茎饲料、食盐和饮水。

五、种公羊的饲养管理

种公羊必须全年维持良好的健康状况，配种期的种公羊应健壮、活泼、精力充沛，但不要过肥，要加强运动。种公羊的日粮必须含有丰富的蛋白质、维生素和矿物质，饲料要求品质好、易消化、适口性好。适宜喂种公羊的精料有燕麦、大麦、豌豆、玉米、高粱、豆饼、麸皮等；多汁饲料有胡萝卜、甜菜等；粗饲料有苜蓿干草、三叶干草、青燕麦干草等。

饲养种公羊的管理人员要相对固定，种公羊要单独组群放牧，舍饲，离母羊尽可能远。种公羊圈舍要宽敞坚固，保持清洁干燥，定期消毒。要尽可能防止公羊相互斗殴。要定期检疫和注射有关疫苗，做好体内外寄生虫病的防治工作。平时要认真观察种公羊的精神、食欲等，发现异常后立即报告兽医人员。

1. 配种期的饲养管理

种公羊在配种前 1～1.5 个月，日粮由非配种期的饲养标准逐渐过渡到配种期的饲养标准。放牧的种公羊，除保证供应优质牧草外，每只每天补饲 1～1.5 千克精料、胡萝卜 0.5～1.5 千克、青干草 2 千克、食盐 15～20 克，草粉分 2～3 次饲喂，每天饮水 3～4 次；舍饲的种公羊日粮中禾本科干草占 35%～40%、多汁饲料占 20%～25%、精料占 45%，并要加强运动。

对精液密度较低的公羊，可增加动物性蛋白质和胡萝卜的饲喂量；对精子活力较差的公羊，需增加运动量。当放牧的种公羊运动量不足时，每天早上可酌情定时、定距离和定速度运动。采精次数多时，每天要喂 1～2 枚鸡蛋。

2.非配种期的饲养管理

种公羊在非配种期虽然没有配种任务，但仍不能忽视饲养管理工作，应供应充足的能量、蛋白质、维生素和矿物质饲料。配种期过后，精料喂给量不减，增加放牧或运动时间，经过一段时间后再适量减少精料，逐渐过渡到非配种期的饲养标准。非配种期每天每只喂给精料 0.6～0.8 千克，冬春季注意补饲优质干草和胡萝卜。

第五章 ——>>
肉羊生态养殖场的建设与设备

第一节 场址的选择与羊舍建筑

一、无公害场舍的选址与规划

1.场址的选择

① 场址应地势较高，南向斜坡，排水良好，泥土干燥，背风向日。

② 场地四周应有优良的放牧地，水源丰富且无污染，并且用电方便，便于饲草、饲料加工。

③ 建场要求土地面积较大，要有发展前途，有条件的地区还可考虑建立饲料生产基地。

④ 建场前应对附近地区进行调查，了解有无传染病、寄生虫病等发生，尽量选择周围无疫病发生的地点作场址。

⑤ 场地要远离居民区、闹市区、学校、交通干线等，便于防疫隔离，以免传染病发生。选址最好有自然屏障，如高山、河流等，使外人和其他动物不易进入。

⑥ 选址要考虑交通运输利便，但距交通要道不应少于 50 米，同时尽量避开四周饲养场转场通道，便于疫病的隔离和封锁。

2.羊场规划

羊场建设既要考虑与周围环境的协调，也要考虑资源的合理利用。大型羊场应规划出一定面积的饲料用地，办公室和宿舍应位于羊舍的上风向，兽医室和贮粪堆应位于羊舍的下风方向，以利于环境的卫生和人、畜的健康。

二、羊舍建筑

羊舍及其设备的建筑必须考虑取材方便，以及材料和用工的成本等问题。因为一方面建筑羊舍目的是为羊只提供一个较适宜的生产环境，使之尽可能避免不良气候因素的影响；另一方面还要便于生产管理，节省财力、物力和人力，尽可能地达到高产、优质和高效等目的。

基于各地区环境的不同，羊舍的建筑尚没有固定的模式。随着养羊业的发展，羊舍的建筑也在不断地改进和完善，但羊舍的建筑不应追求豪华，应注意方便、有效和实用。这里将国内外羊舍建筑的特点做以下介绍：

1.羊舍建筑的基本要求

羊舍的建筑必须考虑羊的生理特点和生物学特性。结合我国养羊业的特点，羊舍的建筑应包括羊棚和羊圈两部分。羊棚为羊舍内有顶棚的，用于羊只冬、春产羔，夏季防暑、防雨，冬季保温，以及在恶劣气候条件下进行舍饲，或在某些情况下进行操作的棚舍。棚舍的建筑材料可用木材、钢材、砖、水泥、混凝土和农膜等。羊圈为与羊舍连接的场所。

（1）地面　地面的保暖和卫生很重要。羊舍的地面有实地面和漏缝地面两种类型。实地面又因建筑材料不同有黏土地面、三合土地面（石灰：碎石：黏土为 1∶2∶4）、石地面、砖地面、水泥地面、木质地面等。黏土地面易于去表换新，造价低廉，但易潮湿、不便消毒，干燥地区可采用；三合土地面较黏土地面好；石地面和水泥地面不保温、太硬，但便于清扫和消毒；砖地面和木质地面保暖，也便于清扫和消毒，但成本较高，适合于寒冷地区。饲料间、人工授精室、产羔室可用水泥地面或砖地面，以便消毒。漏缝地面能给羊提供干燥的卧地，国外常见，过内亚热带地区已普遍采用。

（2）羊床　羊床是羊躺卧和休息的地方，要求洁净、干燥、不残留粪便和便于清扫，可利用木条或竹片制作，木条宽 32 毫米、厚 36 毫米，缝隙宽 15～20 毫米。缝隙宽要略小于羊蹄的宽度，以免蹄漏下而折断羊腿。羊床大小可根据圈舍面积和羊的数量而定。商品漏缝地板是一种新型畜床材料，在国外已普遍采用，但价格较贵。

（3）墙体　墙体对羊舍的保温与隔热起着重要作用，一般多采用土、砖和石等材料。近年来建筑材料科学发展很快，许多新型建筑材料如金属铝板、钢构件和隔热材料等已经用于各类畜舍建筑。用这些材料建造的畜舍，不仅外形美观、性能好，而且造价也不比传统的砖瓦结构高多少，是未来大型集约化羊场建筑的发展方向。

（4）屋顶　屋顶兼有防水、保温隔热、承重三种功能，正确处理这三方面的关系对于羊舍环境的控制极为重要。其材料有陶瓦、石棉瓦、木板、塑料薄膜、油毡等，国外有采用金属板的。屋顶的种类很多，在羊舍建筑中常采用双坡式，也可以根据羊舍实际情况和当地的气候条件采用半坡式、平板式、联合式、钟楼式、半钟楼式等。单坡式羊舍，跨度小、自然采光好，适用于小规模羊群和简易羊舍；双坡式羊舍，跨度大，保暖性能强，但自然采光、通风差，适于寒冷地区，也是最常用的一种类型；在炎热地区可选用钟楼式和半钟楼式。在寒冷地区可加天棚，其上可储存冬草，能增加羊舍的保温性能。

（5）朝向　单列式羊舍应坐北朝南排列，所以运动场应设在羊舍的南面；双列式羊舍应南北向排列，运动场应设在羊舍的东西两侧，以利于采光。运动场地面应低于羊舍地面，并向外稍有倾斜，便于排水和保持干燥。

图 5-1　羊舍内和运动场四周设围栏

（6）围栏　羊舍内和运动场四周均应设围栏，其功能是将不同大小、不同性别和不同类型的羊相互隔离开，并将其限制在一定的活动范围之内，以利于提高生产效率和便于科学管理。围栏高度以 1.5 米较为合适，材料可以是木栅栏、铁丝网、钢管等（图 5-1）。

（7）饲槽和水槽　尽可能设计在羊舍内部，以防雨水和冰冻。饲槽有固定水泥槽和移动木槽两种。饲槽可用水泥、铁皮等材料建造，深度一般为 15 厘米，不宜太深，底部应为圆弧形，四周也要呈圆弧状，以便清洗打扫。水槽可用成品陶瓷水池或其他材料，底部应有放水孔。

2.配套设施及设备

（1）草架　草架的功能一是将饲草与地面隔离，避免羊只践踏和被粪尿污染；二是使羊在采食时均匀排列，避免互相干扰。草架的形式有两种，即靠墙固定单面草架和"U"形两面联合草架。

（2）衡器　用于活羊或产品的称重。

（3）监控系统　包括监视和控制两个部分。监视部分的功能是使生产管理者能够随时观察了解生产情况，及时处理可能发生的事件，同时具有防盗功能；控制部分的功能是完成生产过程中的传递、输送、开关等任务，如饲料的定量输送、门窗开关等。

（4）消防设施　对于具有一定规模的羊场，经营者必须加强防火意识，除建立严格的管理制度外，还应准备消防器材和完善消防设施，如灭火器和消防水龙头或水池、大水缸等。

另外，羊场建设中应重点考虑如何避免粪尿、垃圾、尸体及医用废弃物对周围环境的污染，特别是避免对水资源的污染，避免有害微生物对人类健康的危害。一般说来，未经消毒的水不能直接向河道里排放，场内应设有尸体和医用废弃物的焚烧炉。规划放牧场地时，要避免对周围生态环境的破坏。

3.羊舍的类型

（1）"一"字形羊舍　这种羊舍在我国非常普遍。舍内采光充足、均匀，温度变化不大。根据羊舍通风情况分密闭式、敞开式和半开式3种。羊舍的顶棚有单坡式、双坡式和拱形式等几种。因羊只多在舍外运动场上活动或休息，所以运动场内应有草架、料槽和饮水槽。但以舍饲为主的"一"字形羊舍则以双列式居多：双列对头式羊舍的中间为走道，走道两侧修建有饲槽及饮水槽；而双列对尾式羊舍的饲槽、饮水槽等应设置在两侧的墙壁处。舍内地面可用水泥、木板或砖石等铺垫。

（2）农膜暖棚式羊舍　这是北方寒冷地区冬季常采用的一种羊舍。这种羊舍经济实用，既节省资金，又能充分利用太阳能，达到保暖的目的。这种羊舍常能在气候较寒冷的冬春季节，充分利用太阳能，同时还充分利用畜体自身散发的热量，从而提高羊舍的温度，避免妊娠母羊、产羔母羊

图 5-2　农膜暖棚式羊舍

和羔羊受冬春季严寒与风雪的危害。这种羊舍可利用原有三面围墙的敞棚圈舍，在距棚前房檐 2～3 米处修筑一面高 1.2 米左右的矮墙，矮墙中间留一扇约 2 米宽的门，用木条或其他材料连接矮墙与棚檐，上面覆盖农膜，并用木条加以固定，农膜与棚檐和矮墙连接处用泥土等材料压紧，防止透风，舍门以门帘遮挡（图 5-2）。

在羊舍的东、西两侧距地面 1.5～2.0 米处各留一个可开关的通气孔，棚顶上也需视羊舍大小留存 1～2 个适当大小的天窗。这种暖棚由于充分利用太阳能和畜体自身能量等自然资源，从而可将羊舍温度提高 10～20℃，因而基本能保证北方羊只越冬度春的需要。在经济条件许可的情况下，农膜暖棚式羊舍也可完全采用以钢骨为主体，围墙及所有其他部件采用组合式的活动暖棚。采用农膜暖棚必须注意温差，无论何种形式都要注意出牧前要提前打开各通气口和舍门，逐渐降低室温，使舍内外气温基本一致时再出牧。待中午阳光充足时，再关闭舍门及通气口，提高棚内温度，并保证舍内的干燥。因农膜易破裂和老化，发现破裂和老化时应及时修补。同时应及时清理舍内地面，保持地面干燥和舍内空气新鲜。由于这种羊舍造价低、节省能源、灵活机动，因而效益显著，目前已在北方牧区许多地方应用和推广。

（3）楼式羊舍　为节省占地和降低建筑成本，可修建楼式羊舍。这种羊舍在我国南北方均有，但南方较为普遍。主要是南方地区气候炎热多雨，地面潮湿，羊只容易感染疾病。楼板多用木条、竹片铺设，间隙 1.0～1.5 米，粪尿可从间隙漏下。楼板离地面高度为 1.5～2.0 米。在北方夏、秋季气候炎热、多雨、潮湿时，可将羊圈在楼上；冬、春季楼上较为寒冷，可将羊圈在楼下。楼上还可用来进行剪毛，或用来储存干草。

（4）其他种类的羊舍　由于各地条件和羊只的生产性能不同，我国还有一些其他类型的羊舍，如大棚结构羊舍、剪毛羊舍、用于产羔的羊舍

（产房）等，但其建筑与上述羊舍无大的差别。

第二节 肉羊生态养殖场的主要设备

一、饲草（料）储藏设备

饲草、饲料是发展养羊业的物质基础。虽然羊一年四季均可放牧，通过采食牧草可以全部或部分地满足其生长发育的需要。但是我国不同地区的季节气候差异很大，特别是北方地区一年四季的气候变化剧烈，牧草生长期短，每年枯草期长达半年之久，因此仅靠放牧不能满足羊只的营养需要，必须进行补饲。无论在牧区、农区还是半农牧区，在入冬之前根据羊的数量储备足够的饲草和饲料，通过冬春季节的补饲，才能达到全年的均衡饲养，发展优质高效的养羊业。有条件的地方应在羊场的羊舍附近修建饲草储备棚、饲料储备仓、干草棚、青储窖（塔）等。

1. 饲草储备棚

饲草储备棚各地有所不同，在牧区或有打草条件的半农牧区，主要储备刈割的青干草；农区或以种植业为主的半农半牧区，主要储备农作物秸秆和农副加工产品，如玉米秸、稻草、各种豆秸和薯蔓等，以及各种籽实作物的皮壳和饼类。

饲草储备量的多少可根据养羊数量、生产性能、饲草质量和补饲期的长短而定。北方牧区冬春季较长，约5～6个月，农区一般约为3～4个月，饲草储备大致可参考以下标准：农区改良羊200千克，土种羊100千克；牧区改良羊180千克，土种羊90千克。育种场或高产核心羊群等，应根据羊的饲养标准，按照日粮配方所需各种日粮进行储备。

在进行草棚建设时，要因地制宜。如养羊数量少，可以建类似简易羊舍的草棚，即三面围墙，前面半墙敞口防止雨雪的侵袭和羊只的踩踏。草棚内应保证通风和干燥，对青刈牧草尤其要注意通风。储草棚应离开住户一定距离，并尽可能避免火源、预防火灾。草圈或草棚的地势应稍高于周围地面，并铺设排水道。

2. 饲料储备仓

修建饲料储备仓主要是为了储备羊只冬春季用的饲料及产羔母羊和羔羊的补饲料，也可用来储备一些预混料和添加剂等。饲料储备仓内要保证通风良好，要采取有效的方法来防鼠防雀，经常保持清洁和干燥。夏、秋季饲料容易受潮而发霉变质，所以要定期检查，要定时进行晾晒。在调制饲料时，要注意检查饲料中有无发霉变质的饲料及砂石、铁钉等异物。

3. 青储窖

为了改善羊只冬春季的营养条件，储备冬春饲草，有效保存青绿饲草的营养成分，提高羊只的生产能力，可将部分适宜的饲草料进行青储。生产实践证明，青储饲料是补饲各类羊只比较适宜的优质饲草料，特别适宜于舍饲羊、短期育肥羊和奶山羊。因此，应在羊舍附近修建青储设施，以制作和保存青储饲草料。

图 5-3　青储窖

青储窖的形状和大小应视条件和青储量的多少来建设，通常可分为全地下式和半地下式两种，前者适用于地下水位低的地区，后者适用于地下水位较高的地区。一般情况下，窖底要高出地下水位 0.5 米以上。建窖时先选好窖址，就地挖一长方形坑，直径约 2～3 米，深度约 3 米；较小的直径为 1.5 米，深 2.5 米。要求窖壁光滑、平整（图 5-3）。窖建好后需要晾晒 1～2 天，将窖壁晒干即可进行青储。半地下式青储窖的建筑与全地下式青储窖的建筑基本相同，只是挖的坑较浅，青储时使储料高出地面，以增加储备量。青储窖的建筑简单，成本低，容易推广，在农户家庭院落即可建制，但不便于大型机械的操作。窖的边缘因直接接触土层，储备中饲草料容易发生霉烂。近年来许多地方采用塑料薄膜铺垫与窖底的土层相隔，可以避免青储料的损失，增加利用率。

二、饲草（料）加工设备

为了保证养羊业正常生产，改善羊的营养状况和提高饲养水平，对精、粗饲料进行加工调制，以提高饲草、料利用率，减少浪费。为此，须利用饲料加工机械来完成。养羊生产中常用的饲料加工机械有青干饲料与作物秸秆切碎机，饲料粉碎机，饲料压粒、压块机，秸秆调制与化学处理机和热喷机等。

1.青储饲料收割机械

从调制工艺的角度，可将这类机械分为分段收获调制机械与联合收获调制机械两种。前者是先用机械或人工收获青饲作物，再用切碎机切碎装入青储设施压紧密封，虽然收获时间长、劳动生产率低，但设备简单、成本低、易推广。后者是用联合收获机在收获的同时进行切碎，抛入自卸拖车后运回场内，直接卸入或用风机吹入青储窖内，这种工艺可全盘机械化，劳动生产率高，青储饲料质量好，适宜大型羊场使用。

（1）铡草机　分段收获调制的主要机具是铡草机，按机型可分为大、中、小三型，按切割部件的型式可分为圆盘式、滚刀式、轮刀式，按固定方式可分为移动式和固定式。无论选用何种铡草机都要注意切割长度在3～100毫米范围内且可以进行调节。铡草机的通用性能好，可以切割各种作物茎秆、牧草和青饲料；能把粗硬的茎秆压碎，切茬平整无斜茬；喂料、出料有较高的机械化水平；切碎时发动机的负荷均匀，能量消耗小；当用风机输送切碎的饲料时，其生产率要略大于切碎机的最大生产率。

（2）联合收割机　青储饲料联合收获调制机械按其结构大致可分为直接切碎式、直流式和通用式3种。直接切碎式青储收获机结构简单，通过1个旋转的切碎器完成收割、切碎、输送工作。这种机型只能用于收获青绿牧草、燕麦、甜菜茎叶等，不适于收获青饲玉米等高秸秆作物。直流式青饲收获机具有较宽的收割台和运输带，割下的青饲料可以不加收缩而直接喂给滚刀式切割器，因其具有直径可调节的指示轮，生产率高，适应性能广。通用式青饲收割机由收割、切碎和输送部分组成，其收割部分安装3种割台。第一种是全幅割台，用来收割牧草及平播的饲料作物；第二种是中耕作物割台，用来收获青饲玉米；第三种是捡拾器，用来拣拾有萎谢的青饲料和集成草条的牧草，以便进行低水分的青储。机器的切碎部分相当于1台铡草机，切碎的饲料由抛送机抛入拖车。选用青储饲料联合收获机时应考虑割茬要尽可能低。该机械生产率高，而切碎长度可以调节，总损失一般不大于总量的3％。由于通用式青饲收获机适应性广，切碎质量好，因此，应用日益广泛。国产通用式青饲玉米收获机有4QS-2型、9QS-5型、9QS-1O型等。对于小型羊场和养羊专业户，一些机动灵活的中、小型青饲切碎机更有推广价值，这类机械与小四轮拖拉机配套使用可走村串户，用来切碎玉米秸、青草、豆秸等多种饲料原料。

图5-4　锤片式饲料粉碎机

2.饲料粉碎机

常用的饲料粉碎机有锤片式和齿爪式两种。

（1）锤片式饲料粉碎机　按其进料方式不同可分为切向进料粉碎机和轴向进料粉碎机（图5-4）。

切向进料粉碎机由进料斗、机体、转子、锤片、齿板、筛片、风扇和集料筒等组成。工作时，饲料由进料斗进入粉碎室，首先要受到高速旋转的锤片打击而飞向齿板，然后与齿板撞击而被弹回，再次受到弹片的打击和齿板相撞击，就被打碎成细小的颗粒，而由筛片筛孔漏出。留在筛面上的较大颗粒再次受到锤片的打击和锤片与筛片之间的摩擦，直至从筛孔中漏出为止。由筛孔漏出的碎饲料由吸料管吸入风扇，送进集料筒。切向进料粉碎机的主要缺点是在粉碎比较潮湿的长茎秆饲料时容易缠绕主轴。

轴向进料粉碎机与切向进料粉碎机的结构不同，轴向进料粉碎机喂入口位于主轴的一侧，增加了初切装置，一般由两把切刀和底刃构成，取消了齿板，采用环筛，有的机型增加了谷粒饲料斗。工作时如是茎秆饲料，可由轴向进料口喂入，进行初加工，切碎后再进行粉碎；如是籽粒饲料，则不经过初切加工，直接粉碎。轴向进料粉碎机可粉碎较潮湿的长秸秆饲草，克服了切向进料粉碎机的缺点。

锤片式粉碎机的主要特点是适用性广，对饲料的湿度敏感性小，调节粉碎度方便，粉碎质量好，使用、维修方便，生产效率较高；不足之处是动力消耗比较大。

（2）齿爪式饲料粉碎机　由机壳、主轴、进料斗、环形筛、动齿盘和定齿盘组成。工作时，饲料由进料斗通过内插门流入饲料室，再由动齿盘上的齿爪的旋转打击、碰撞剪切和搓擦作用，逐渐碎成细粉，高速旋转的动齿盘形成的气流使细粉通过筛孔从卸料口排出。

齿爪式饲料粉碎机具有结构紧凑、体积小、重量轻等优点，适用于粉碎含纤维较少的籽粒饲料。

3. 饲料混合机

饲料混合机又称饲料搅拌机。羊的科学饲养，需要按饲养标准将各种饲料、维生素和微量元素等混合均匀，这就需要用饲料混合机来完成。

饲料混合机的种类很多，但归纳起来，常用的有立式、卧式及桨叶式3种。养羊生产中常用的为前两种。饲料混合机按工作的连续性分为间歇式和连续式，目前我国生产的大多为间歇式。

（1）立式饲料混合机　又称绞龙式饲料混合机，是非连续作业机械，主要由料斗、垂直绞龙、圆筒、绞龙外壳、卸料活门、支架和电机等部分组成。工作时，将称量好的饲料倒入料斗，垂直绞龙将饲料向上抛送，由绞龙端部的敞开口排出，落入圆筒内，到圆锥形底部又被垂直提升上运，最后在绞龙端口排出。经多次反复，饲料混合均匀，由卸料口活门排出。其容积通常为 0.8～2.0 米^3，混合 1 次饲料（包括装料、混合、卸料）需 15～20 分钟。这一类机械的特点是混合均匀，动力消耗少；缺点是混合时间长，生产率低，卸料不充分。此类机型适合于小型羊场混合干粉料。

（2）卧式饲料混合机　也是一种非连续作业机械。其构造包括 U 形外壳、外搅拌叶片、内搅拌叶片、主轴、叶片连续杆和卸料活门。工作时动力驱动，连接在叶片连杆上的内外叶片使饲料对向移动并混合均匀，由卸料口排出。卧式饲料混合机的容量分为 1 米^3、2.5 米^3、3.5 米^3 和 7.5

米³ 几种，混合 1 次，（包括装料、混合、卸料）约 4 分钟。卧式饲料混合机的优点是混合效率高，质量好，卸料快，时间短；缺点是动力消耗大。但因混合时间短，故单位产品能量消耗应不比立式饲料混合机高。

4.颗粒饲料机

颗粒饲料是近代饲料工业的新成果，是将粉状饲料按照一定比例配合，经过机械压制，形成柱状体，再经切刀割成颗粒。颗粒饲料具有成分分布均匀、避免家畜挑食、保证家畜全价营养、便于储藏等特点，对发展集约化养殖非常有利。

颗粒饲料机按其结构特点可分为成型窝眼孔式、齿轮圆柱孔式、螺旋式、立轴平模式和卧轴环模式 5 种。我国生产的主要为立轴平模式和卧轴环模式两种。立轴平模式颗粒饲料机通常采用立式，主要由喂入量调节板、搅拌器、压辊、平模、切刀等组成。工作时，粉料由进料斗进入搅拌室，在搅拌室内可按需要喷入蒸汽或水，混合均匀后经喂入量调节板到达压粒器。压粒器由 1 个旋转的圆盘式平模和 1 组带沟纹、靠摩擦力转动的压辊所组成。它将粉料连续不断地压入平模，继而从孔中挤出，由切刀切断即成为颗粒饲料。立轴平模式颗粒饲料机具有结构简单、平模易于制造、造价较低、磨损后修复方便等特点。

卧轴环模式颗粒饲料机通常为卧式，主要由机架、传动装置、进料斗、绞龙输送器、压辊、环模、切刀等组成。工作时，粉料由进料斗进入，经绞龙输送器与水混合均匀后送入压粒室，并由两把喂入刀均匀将粉料分配到压模与滚轮的工作表面，经高速旋转摩擦，饲料被挤入环模内，并进一步挤出，再被切刀切断，最后由出料口排出。

5.牧草收获机械

牧草收获机械是现代养羊业必不可少的主要机械之一，其作用是通过割、搂、集、捆、垛等工序为养羊生产储备优质干草。此类机械按其用途可分为割草机、搂草机、饲草压扁机、拣拾压捆机、装载机和集垛机等。按切割方式割草机又分为往复式与旋转式；按搂成的草条方向，搂草机又分为横向搂草机和侧向搂草机；压捆机又可分为方捆机和圆捆机。

根据我国不同生态区域的天然草场、人工草地的生产条件、经济技术水平，可将目前使用的牧草收获机械分为畜力机具系统、小方草捆收获机具系统、大圆打捆收获机具系统、集垛收获机具系统。各种系统的选择还应根据当地劳力的多少、成本的高低及能源条件来决定。但无论选用何种机具系统收获牧草，都要尽可能做到适时收获，及时处理，迅速和均匀干燥，尽量避免雨淋和暴晒，最大可能地减少各作业环节的牧草损失。

6.粗饲料压粒、压块机

近年来，随着生产的发展和科技的进步，牧草和各类作物秸秆等粗饲料的复合化学处理、压粒和压块机械的研制及生产发展很快。压粒、压块机具大体包括粉碎机，牧草、秸秆、精料及各种添加成分的喂入与计量装置，混合机，压粒、压块机的冷却器等。此类机具的主要优点是：

① 牧草、秸秆切割、粉碎后可压制成 $600 \sim 900$ 千克/米^3 的草块，其堆积密度比散堆储存要高许多，便于实现装载、储存和饲喂作业的机械化，降低储运成本。

② 压制过程中可定量掺入氢氧化钠、氨水、尿素等碱性物质进行碱化处理，可使粗饲料消化率达到 65%，同时还可掺入矿物质、微量元素等添加剂及其他必要的营养物质，以便配制全价饲料。

③ 压制成草颗粒或草块后，牲畜采食量可提高 30%，采食速度加快，减少了饲料的浪费，减轻了饲喂的劳动强度，降低饲喂总成本 10% 以上。

目前国内生产的此类机械较多，如 9YL-306 型和 9GY-76 型等，国外生产的多为模辊式草块压制机。

目前我国养羊生产中饲喂颗粒或块状粗饲料的还不多，随着养羊生产集约化、规模的扩大及饲养管理水平的提高，在条件较好的种羊场、育肥场、奶山羊场、集中的饲料基地和社会化服务较好的商品羊生产基地，推广粗饲料复合化学处理及压粒、压块机具是非常必要的。

7.秸秆调制设备

我国农区、半农半牧区每年生产大量作物秸秆，这些作物秸秆如进行适时收割，并进行必要加工调制，可成为羊的饲草。

从理论上讲，大麦秸秆中约有 86% 的物质对反刍动物是有营养价值的，但通常能被消化利用的仅占 35% 左右，其原因主要是秸秆细胞壁中含有大量动物不能消化利用的木质素，虽然可以用机械方法或高速电子辐射方法破坏木质素，但成本很高，在生产中很难实现。而目前采用的氨化、碱化处理法则成本较低，制作简单，易于推广。氨化、碱化处理的方法很多，如坑埋、缸装、窖存、塑料薄膜包埋等，但其生产周期较长，质量不能保证，不能连续批量生产，又会造成环境污染，因此，不少国家研制出了各种以氨、碱为主体的秸秆调制方法和设备。

秸秆调质设备主要由秸秆喂入器、铡刀、喷液泵、草液搅拌器、风机、输入管道等部件组成，有的机型还在喷洒作业之后增加 1 对压辊，目的是将切短的秸秆压裂，并将喷入的碱液压入秸秆组织内。调制过程主要是：先通过喂入装置将秸秆送入铡切部分，切成 1～2 厘米的短秆，同时通过喷头喷入水蒸气，使秸秆湿度达到 68%～80%，温度达 100℃ 左右，再将相当秸秆重量 4%～10%、浓度为 30% 的 NaOH 喷洒在秸秆上，通过的秸秆再进入搅拌器或压辊，使其充分混合，最后通过风机和输入管道送入饲草储存库即可饲喂。

呼和浩特畜牧机械研究所研制生产的 93JH-400 型秸秆化学处理机设计新颖、操作方便，对原料种类、湿度和化学处理剂的种类均有较强的适应性，单班生产可提供 1500 只羊的碱化粗饲料。

8.其他加工设备

除上述饲草（料）加工设备外，还有一些其他的设备，如袋装青储装填机、饲料热喷机等。总之，养羊生产可提供选择的饲草（料）加工设备有许多，各羊场可根据自己的人力和财力条件以及当地的生态条件等因素来决定选择使用哪些设备，从而做到既经济又有效地发展当地养羊生产。

三、兽医室

养羊生产中经常遇到羊发生疾病，对发病的羊只若治疗不及时，将会影响生产，甚至造成巨大的经济损失。为了能够对发病的羊只及时治疗，特别是对各羊群提前进行疾病预防，各羊场都应修建兽医室并配备一定的药品和器械。

兽医室需要配备有消毒器械、手术器械、诊断器械、投药和注射器械等，还应在羊群的兽医防治工作中逐渐实现机械化和自动化，以减轻体力劳动，提高劳动效率。青海农牧机械厂制造的 9WH-2 型手持双枪喷雾机，在进行布鲁氏菌病羊种 5 号菌苗气雾免疫时，每天可免疫 4000～5000 只羊。澳大利亚制造的自动灌药器，带有 1 个容量为 2.5 升的药液箱，专业人员可以背着灌药器连续给羊灌服一定剂量的药液。此外，澳大利亚生产的一种羊只处理机可以固定羊只，并校正到不同的位置，进行羊只修蹄、灌药、注射、外科手术及输精等操作，以减轻人工固定羊只的劳动强度。

兽医室应定期对羊舍进行清扫和药品喷洒消毒，一般每日消毒 1～2 次。兽医人员应建立常规的检疫制度，对布鲁菌病、破伤风、狂犬病、羊肠毒血症、羊快疫、羔羊痢疾、羊痘等定期进行检疫和免疫注射等，如发现有可疑的传染病羊，应及时进行隔离治疗，并彻底消毒。同时，还应经常对羊群进行观察，以便能及时发现和作出诊断，从而做到对症下药。

四、人工授精室

人工授精对于良种的推广和繁殖起着重要的作用，它能减少家畜疾病的传染和不孕症，提供可靠的配种记录，减少种公畜的饲养费用。对绵羊进行人工授精，所收到的效果比任何一种家畜都要大。其优点主要表现在以下几个方面：①增加种公羊交配羊的头数，提高优良种公羊的利用率；②提高母羊的受胎率；③可以节省购买和饲养大量种公羊的费用；④可以减少疾病的传染；⑤结合冷冻精液技术，可将种公羊的精液长期保存和远距离运输，从而进一步发展优秀种公羊的作用。因此，现代化羊场都应建立羊的人工授精室，或者在羊只（母羊）密度较大、羊群数量较多的地方建立人工授精站。

人工授精室的建立与人工授精站的建立大同小异，仅在规模和布局上简单一些，主要包括采精室、精液处理室和输精室。

采精室、精液处理室和输精室要求光线充足，地面坚实，以便清洁和减少尘土，空气要新鲜，并且各操作室要互相连接，以方便各工作环节连续操作。各操作室的面积约为：采精室 8～12 米^2，精液处理室 8～12 米^2，输精室 20 米^2。室内绝对禁止吸烟，不要放置有气味的药品，避免伤害精子。

五、饲槽和饮水设备

1. 饲槽种类

饲槽主要用来饲喂精料、颗粒饲料和青储饲料等，根据建造方式和用途，大体可分为移动式长条形饲槽、悬挂式饲槽、固定式长条形饲槽、圆形饲槽、栅栏式长形槽架。

（1）移动式长条形饲槽　这种饲槽移动和存放较灵活方便，一般用木板或铁皮制作，主要用于冬春舍饲期妊娠母羊、泌乳母羊、羔羊、育成羊以及病弱羊只的补饲。饲槽的大小、尺寸可灵活掌握，为防止饲喂时羊只攀踏翻槽，饲槽两端最好安置临时但装拆方便的固定架，若为铁皮饲槽，应在其表面喷以防锈涂料。

（2）悬挂式饲槽　为对断奶前羔羊进行补饲，防止粪尿污染或羔羊攀踏、抢食翻槽，可将长方形饲槽两头的木板改为高出槽缘30厘米左右的长条形木板，在木板上端中心部位拉开一圆孔，再用一长圆木棍从两孔之中插入，用绳索紧扎圆棍两端，将饲槽悬挂在羊舍补饲栏的上方，饲槽离地面高度以羔羊吃料方便为原则。

（3）固定式长条形饲槽　一般是在羊舍、运动场或专门的补饲场内，按一定距离用砖石、水泥砌成若干平行排列的固定饲槽。也可紧靠四周墙壁砌成固定饲槽。以舍饲为主的羊舍，应修建永久性固定饲槽。根据羊舍的设计，若为双列式对头羊舍，饲槽应修建在中间走道的两侧；若为双列式对尾羊舍，饲槽应修建在靠窗户走道的一侧。舍饲条件下，饲槽使用频繁，饲料种类多、数量大、体积大，饲槽宜用砖石、水泥砌成，要求上宽下窄，槽底呈圆形，无死角。饲槽上宽约50厘米，深20～25厘米，槽高40～50厘米。

（4）圆形饲槽　圆形饲槽是在1个高约40～50厘米的方形或圆形支架上，铺设直径约为2米的圆形底盘，盘的边缘高出盘底15厘米，在离盘底边缘15厘米之内围一高40～50厘米的圆筒，靠盘底的圆筒下边，每隔10厘米左右留一宽12厘米、高20厘米左右的方孔，在圆筒内装置一直径与圆筒内径相同的圆头锥形光滑隔板，草、料加在盘上圆筒与圆头锥形隔板之间，羊只从圆筒方孔及圆盘边缘食槽采食，草料不断从方孔下落。这种圆形饲槽可用土块、砖石、水泥制成固定式的；也可用竹条、木板、钢材制成移动式的。这种饲槽要求地面平整，多在运动场或专门的补饲场使用，北方牧区、垦区、农牧结合区多使用土块、砖石结构的固定圆形饲槽。

（5）栅栏式长形槽架　这种槽架是一种结构简单、方便实用的草、料两用槽架，用竹条、木板或钢筋和三角铁加工而成，宽80～100厘米。当饲槽为靠墙的固定饲槽时，可在紧靠饲槽的墙上分两排各固定2个铁钩，栅栏下横梁挂在下排的2个铁钩上，带钩钢筋同时起支撑的作用。若饲槽为两侧同时饲喂的固定式长方形饲槽，可在饲槽两侧制作一个与饲槽底部平面呈60°～70°夹角的铁架，下边用三角铁固定，上边用铁钩挂在栏杆"T"形架上。这两种槽架既可补草，又可喂料，不用时可以拆下，运输和保存都很方便。

2.饲草架

饲草架一般可用钢筋或木料制成，有固定于墙根的单面草架，也有摆放在饲喂场地内的双面草架。草架的形状为直角三角形和等腰三角形或梯形、正方形。草架隔栅间距为9～10厘米，若使羊头伸入栅内采食饲料，间距放宽至15～20厘米。草架的作用是：防止羊只采食时互相干扰、踏入草架、饲料落在羊身上影响羊毛质量。

3.饮水设备

养羊饮水全国各地情况不一，有的直接利用湖水、塘水、河水和降雪降雨积水，有的利用井水和饮水槽，也有的使用先进的自动饮水器等。在干旱缺水地区，若当地无河流湖泊，多饮用井水或降雨积水。凡利用这种饮水方式的地区，水井或饮水池应建在离羊舍100米以上而且地势稍高的地方。为保持水源洁净，不受污染，应进行以下防护：①离水井或储水池3～5米远处设防护栏或围墙，维护水质的卫生；②井口或储水池口加设口盖，避免脏物入水；③水井或储水池周围30米范围内不得建有厕所、渗水坑、储粪坑、垃圾堆或废渣堆等污染源；④距离水井或储水池一段距离设置饮水槽，防止羊只的粪、尿或其他污水倒流入水井或储水池。

随着我国大规模集约化养羊业的发展，自动饮水器将在养羊业生产中得到广泛的应用。前苏联研制的AO-4型组群式自动饮水器，由配水器和10个各长1.5米的饮水槽组成，饮水槽与一只容积为3000升的储水罐用软管连接，借助真空调节器把饮水器中的水保持在一定的高度，可供未设输水管的牧场或羊舍中的1500只羊饮用。AO-4型组群式自动饮水器安装于可调节高度的支脚上，自动饮水器用软管连接在给水管或配水器上，当水槽中充满水时，浮子浮起，阀门在弹簧作用下关闭出水孔并截断水流，随着水的耗用，浮子下落，其杠杆紧压在阀门上，打开出水孔，水又流入饮水槽中。

目前，我国还没有定型的羊用饮水器生产，但可根据浮子式或真空泵式原理自行设计制作，也可参考猪用的杯式饮水器进行制作。

六、其他设备

羊场其他设备还包括药浴设施及机械、围栏设备、称重设备、剪毛机组、抓绒和梳绒机具、羊毛打包机和风力发电机等。各羊场可根据其生产方向和条件配备不同的设备。

1. 药浴设施及机械

（1）药浴池　药浴池是专供因螨类等体外寄生虫引起的羊只疥癣病而设置的洗浴设备。疥癣病能使羊只脱毛、奇痒、消瘦、贫血，严重时甚至死亡，是一种危害很大的体外寄生虫病。秋冬季节发病较多，在春、秋季剪毛后及时进行药浴可以有效地控制疥癣病的发生。

随着生产的发展，药浴池的建设已经取得了很大的进展，由固定的水浴池发展为帆布药浴池和活动药浴池。20世纪70年代初开始进行机械化药浴池的研制和使用，从而极大地促进了养羊生产。这里介绍几种主要的药浴设备。

① 水泥药浴池：在地面上挖一深1.5米、宽1.5米、长15米的沟槽，底部和四壁用砖或石头垒砌，然后用水泥抹面至光滑平整。砌成的药浴池要求深为1米以上、长10～15米、底宽0.3～0.6米、口宽0.6～1.0米，以1只羊单排前进而不能折回为宜。池的入口处修成外高内低的光滑陡坡，并在入口处修建围栏，圈放待浴羊群；出口处修成小阶梯式的斜坡，坡度较缓，出口处外修建围栏，栏内铺设向药浴池倾斜的水泥滴流台。药浴羊出池后应让其停留片刻，以使羊只滴下的药液流入池内。

水泥药浴池有效地控制了大量群牧羊只体外寄生虫病的蔓延，防止效果较好。但存在的重要问题是羊只进池全靠人工，甚至待浴羊进入待浴栏后不入池内，就必须靠人工驱赶，劳动强度较大，工作效率较低。

② 帆布药浴池：此种药浴池用防水性能好的帆布加工制作。药浴池

的形状为直角梯形，上边长 3 米，下边长 2 米，深 1.2 米，宽 0.7 米，池的一端是斜坡，便于羊只浴后走出；另一端垂直，防止羊只进池后又返回。药浴池外侧有固定套环，安装前按池的尺寸大小，在地上挖一等容积的土坑，夯实后将撑起的帆布浴池放入，四边的套环用木棒固定，加入药液即可进行药浴，药浴完毕后洗净帆布，晒干以后放置好等待再用。这种帆布浴池体积小，轻便灵活，可以进行游动药浴，适合于少量羊只的药浴。

③ 活动铁药浴槽：用 2～3 米厚的钢板制成与帆布药浴池同样尺寸和形状的药浴槽，安装时边角用橡胶条垫衬紧即可。这种药浴槽体积小、灵活，因此可用畜力车或小型拖拉机拉到养羊场（户）进行流动药浴。

④ 喷淋式药浴池：喷淋式药浴池一般由 1 个直径 8～10 米、高 1.5～1.7 米、用石头或砖砌成（用水泥抹面）的圆形淋场，入口小、后端大的待淋羊圈，滤淋栏，进水池，过滤池和储液池等部分组成。羊只药浴时，把羊赶入待淋羊圈，关闭待淋羊圈入口，打开淋场门使羊只进入淋场，关闭淋场入口，开动药浴装置即行药淋。经过一段时间的药淋，药液浸透毛根，关闭水泵，然后将淋场内的浴羊由出口门赶入滤液栏，待浴羊滤液基本流尽后打开滤液栏出口放出浴羊。这种药浴设备可进行重复药浴。

机械化喷淋药浴装置的主要特点是不用人工抓羊，节省劳力，降低了劳动强度，提高了工效，避免了羊只死亡。但其建筑费用高，一般适合于大型羊场或养羊非常集中的地区使用。

（2）药浴机械　药浴机械由稳压灌、输液管、手动阀、梳齿式喷头和充气筒等部件组成。由充气筒往稳压罐内充气，使药液在密封容器内形成一定压力，通过输送软管送到手动阀。使用时打开手动阀，使药液通过梳齿式喷头喷淋在羊只体表上，同时在羊只体表上梳洗，做到浴透灭癣。该药浴器易于操作，工作性能可靠，携带方便，药浴彻底，效果明显，每 2 分钟可药浴一只羊，每台造价一百元左右，适用于小型羊场、奶山羊场和各养羊专业户。此外，为了改变一般药浴设施的只泡不淋和机械药浴的只淋不泡、药浴不够彻底的弊病，某农机研究所还研制出了一种泡淋结合的新型药浴装置。目前，因残留毛和泥沙堵塞管道问题而正在进行改进。多年的生产实践证明，机械或半机械化药浴设备因其效率高、劳动强度小、羊只安全、耗药量少等特点，在生产中推广应用效果较好。浴后羊只疥癣发病率由人工药浴时的 10％～15％下降到 3％～4％，功效提高 17 倍。

国外的药浴装置主要有两种类型，一种为喷淋型，另一种为浸浴型。澳大利亚还研制出一种利用气流运载雾状杀虫剂的新设备，其工艺过程大致为：用涡流式鼓风机产生高速气流，通过软管引至羊只通道上的喷嘴，将羊身各部分羊毛顺序吹散，同时用喷雾器将杀虫剂喷到羊的皮肤上。这种方法药液利用率高，用药量少，药液能充分均匀渗入毛层内部，设备轻便，用水少，特别适用于缺水地区使用。

2.围栏设备

用木条、木板、圆竹、钢筋、铁丝网等加工成高 1 米，长 1.2 米、1.5 米、2 米、3 米等不同长度的栅栏、栏板或网栏，栏的两侧或四角装有可连接的挂钩、插销或铰链，配置部分带托地板并可插入地层的三角铁支柱，便可进行羊只的多种不同的管理和操作。

(1) 母仔栏　在各大、中型羊场的产羔期，为了便于管理应设有母仔栏。根据情况在母羊产羔期可将 1.2 米长的栅栏或栏板在羊舍内靠墙处围成若干个 1.2 米的小栏，每栏供 1 只带羔母羊使用。

(2) 羔羊补饲栏　对羔羊进行补饲时，可用数个栅栏、栏板或网栏在羊舍或补饲场靠墙围成足够面积的围栏，并在栏间插入 1 个大羊不能进入、羔羊可以自由进出的栅门即可。

(3) 活动分群栏　在大、中型羊场进行鉴定、分群、防疫注射和称重等操作时，一般用活动分群栏。采用分群栏可减轻劳动强度，提高工作效率。分群栏要坚固、结实，最好用钢筋、三角铁、铁丝网等制作栅栏或网栏，再配置若干带支撑或拉筋的固定设施。分群前可根据工作量，用栅栏或网栏围成 1 个带喇叭形入口、比羊体稍宽的狭长形通道，通道两侧可安置若干能出不能入的活动门，门外围以若干个储羊圈即可。

(4) 活动圈栏　除特别寒冷的季节外，羊群多数在露天过夜。以放牧为主的羊场，要根据季节、草场生产力的变化、垦区不同作物的收获时间，以及羊群放牧抓膘、剪毛、药浴、配种等生产环节的需要，做好转场放牧的安排。采用活动式羊圈进行转场放牧十分方便，它一般利用若干栅栏或网栏，选一高燥平坦地面，连接固定成圆形、方形均可；也可采用网栏式活动羊圈，该圈由网栏、围布、圈门、立柱、拉筋等组成，一般网长50厘米的羊圈可圈养350只，网长60厘米的可圈养400～500只，网长70厘米的可圈养500～600只。根据气候，围布可装可卸，夏秋季节取掉围布，羊圈通风，便于夜间管理；冬春季加上围布能防风御寒。网栏式活动羊圈体积小，重量轻，拆装、搬运比较方便，省时省工，适用范围广，牢固耐用，每套羊圈约需500元，目前正在推广应用。

3. 称重设备

根据常规生产、育种和各种试验的需要，为定期称量羊只的体重，各羊场均应配置小型地秤，安置用竹条、木板或钢筋制成的长方形羊笼。羊笼一般长1.4米、宽0.6米、高1.0米左右，两端应安置活门供羊只进出。为方便称量，可用栅栏或网栏设置一连接羊圈的狭长通道，或将带羊笼的磅秤安装在分群栏的通道入口处，从而可以减少抓羊时的劳动强度，提高工作效率。目前已有专用的称重设备，更方便了羊只称重。在有条件的大型羊场可设羊用地秤，从而节省劳力、方便称重。

4. 剪毛机组

我国是一个养羊大国，仅绵羊存栏量就达1.3亿多只，随着我国养羊生产的发展，良种细毛羊、半细毛羊及其改良品种的数量占很大比重，因而剪毛实现机械化势在必行。机械剪毛能减轻劳动强度、提高劳动生产率、增加羊毛产量和保证羊毛质量，但为掌握机械剪毛技术，达到上述目的，首先必须掌握剪毛机械及其配套设施的使用方法和性能等，以利于操作和运用。

剪毛机组的分类：按剪羊毛机的配套动力分为机械驱动式、电动式和气动式3种；按传动方式分为软轴式、关节轴式、电动机直接传递式、射流式4种；按刀片幅宽分为宽幅和窄幅2种。现仅以第一种分类方法进行配套设施介绍。

① 机械驱动式剪毛机组　主要配套设施包括主机架、传动机架、传动箱、磨刀盘、软轴、剪头、柴油机或汽油机（不同的机型配置）。属于本类型剪毛机的有9MJ-4R型和9MJ-4型。工作时柴油机（汽油机）输出动力，通过传动装置，带动一定数量的剪毛机剪头进行作业。本类型机构造简单，体积小，重量轻，搬运方便，使用维修简便，适于电源缺乏的山

区和边远牧区剪毛作业使用。

② 电动式剪毛机组　主要配套设施为汽油机（或手扶拖拉机）、发电机、配电箱、软轴、剪头、磨刀机等。电动式剪毛机组工作时由汽油机或手扶拖拉机带动，如果有电源可直接连接电源使用。本类型机组具有装拆方便、使用经济、性能可靠、功效高等特点，适于流动剪毛作业。

③ 气动式剪毛机组　整个机组由电动机（或内燃机）、空气压缩机、空气调节器、润滑部件、软管和剪头组成。它是由电动机或内燃机带动空气压缩机，经过空气调节器调到工作压力范围内，沿软管进入装在剪头手柄内的启动马达，压缩空气驱动马达的两个活塞做交替运动，经传动机构带动刀片工作。同时，压缩空气的另一部分经过润滑部件将润滑油喷成雾状，与软管内的压缩空气混合进入马达，用以润滑马达内的运动部件。气动式剪毛机具有工作部件平稳、没有杂音、振动小、冷却完全、剪头不热、结构精巧和重量轻等优点。

澳大利亚对剪毛机械进行过大量研究。目前，Sunbeam 公司和 Heiniger 公司都生产有先进的剪毛机械。此外，澳大利亚等国还在研制完全由电脑控制的机器人剪毛机组和激光剪毛设备。

图 5-5　抓绒和梳绒机具

5.抓绒和梳绒机具

为了提高抓绒效率和质量，中国自 20 世纪 70 年代开始研制抓绒、梳绒机具（图 5-5）。目前已有内蒙古自治区农牧业机械化研究所 9RZ-84 型山羊抓绒机、新疆农业科学院农业机械化研究所的 9RSH-88 中频梳绒机等投入使用。9RZ-84 型山羊抓绒机由发电机组或电动机、软管、三脚架和四把抓绒机组成。抓绒机由抓齿、壳体、关节栓及转动机构组成，主要工作部件为两排抓齿，相邻抓齿的振动相位差为 180°。工作时依靠抓齿的振动，将毛抖松并钩出羊绒。该机工作幅宽为 84 毫米，共 15 个抓齿，振动频率 1067～1867 次/分钟，机重 1.35 千克。

9RSH—88 中频梳绒机,采用 9MZZ-16 中频直动式剪毛机组的电源和转动机构,将剪头换成梳绒头即可。工作时传动机将微电机转子的转动变为梳绒机的往复运动,同时上下两排梳齿在山羊毛丛中做相位差为 180°的纵向振动,梳绒者手持把提做牵引运动,梳绒齿即可将羊绒从毛丛中梳下来。

6.羊毛打包机

上述两种机具均具有效率高、不伤害羊只皮肤、羊绒含杂质率低、质量好等优点。

为了提高羊毛储运过程中的机械化作业水平,减轻工人的劳动强度,提高工作效率,国内外均研制出了各种羊毛打包机。目前在国内使用的有 9SY 型杠杆式手动羊毛压捆机和 DB-L6 型手动压捆机等。9SY 型杠杆式手动羊毛压捆机工人操作每小时可捆压 6~7 包,每包 0.74 米×0.42 米×0.64 米,毛重约 50 千克。

澳大利亚 LYCO 公司生产的 LYOD 全自动羊毛打包压榨机可同时完成装填、压榨和捆扎作业。该机通过机上的重量指示仪,可准确地将 200 千克的污毛扎成 0.72 米×0.72 米×1.25 米的标准毛包。该机重 500 千克,装在直径 203 毫米的轮子上,可由 1 个人在工作场所自由推动。

7.风力发电机

中国风力资源十分丰富,主要分布在北部及西北的牧区和农牧结合区。内蒙古、新疆、青海的大部分地区均为风能可利用区,年平均风速 3~4 米/秒,年风机运转时间约为 2800~4000 小时,运转天数约 116~160 天。这些地区正是我国主要的养羊区,地广人稀,居住分散,电能缺乏,可利用风能进行风力发电、提水灌溉、照明和使用家用电器等。因此,风能是中国牧区养羊生产中最廉价、最有应用前景的动力资源。

我国在养羊生产中利用风能已有几十年的历史,其中主要的风力机具是风电机和风力提水机,风电机因型号不同而主体结构也有所不同。例如 FD15-100 瓦风力发电机主要由风轮、发电机、机头、尾翼、支架、控制器、蓄电池等部件组成;FD4-2000 瓦风力发电机主要由螺旋桨、变速箱、发电机、回转体、塔架、尾翼、刹车操纵器、蓄电池等部件组成。通过上述部件将风能转换成机械能,再转换成电能。

　　风力提水机主要由风轮、机头、尾舵、塔架四大部分组成。风轮把风能转换为机械能，即当风轮在风的作用下旋转时，通过曲柄连杆机、往复杆和拉泵杆带动泵缸里的上下活塞做往复运动进行提水作业；机头的主要作用是将风轮的旋转运动变为拉杆的上下往复运动；尾舵也叫迎风装置，使风轮始终迎着风向；塔架主要用来支撑各部件。此外，还有由护网进水接头、上下活塞总成、泵缸、泵缸接头、泵管、泵管接头和拉杆等部件组成的拉杆泵与之配套。风力提水机可广泛用于风能资源丰富、地下水位约5～20米的广大农牧区。

　　在养羊生产实践中，无论用何种风力机，都既要考虑本地风能资源的特点，如全年有风天数、平均风速、最大和最小风速，也要考虑地下水的深度、涌水量、提水机的定额、提水高度等，同时还应考虑机具的可靠性与适应性。

　　生产实践证明，生产工具是社会生产中的活跃因素。先进适用的畜牧机械及其应用技术，必将有力地促进养羊生产和畜牧业的快速发展。据不完全统计，目前中国生产农牧机械的厂家达200多个，产品种类和型号各不相同，各羊场应根据实际需要、生产管理水平及经济实力，尽量就近选购一些通用性能好、能耗低、效率高、坚固耐用、易于操作的机具。

第六章
微生态养殖

第一节　多元化饲草的种植

一、紫花苜蓿的特性及栽培

1. 紫花苜蓿的生物学特性

紫花苜蓿适应性广，喜温暖、半干燥、半湿润的气候条件和干燥疏松、排水良好且高钙质的土壤条件。

（1）温度　紫花苜蓿喜温，最适发芽温度为 25～30℃，干物质积累的最适温度范围为白天 15～25℃、夜间 10～20℃。其耐寒能力较强，抗旱能力大小和根茎入土深度成正相关。灌溉时，紫花苜蓿能耐土壤表面 70℃ 和株高平面 40℃ 的气温。

（2）水分　苜蓿是比较耐旱的牧草，但怕涝。如果长时间泡水会被淹死，紫花苜蓿种植地区的年降水量以 600～800 毫米最为适宜。

（3）土壤　紫花苜蓿对土壤要求不严，最适宜在土层深厚疏松且富含钙质的土壤上生长；最忌积水，故种植紫花苜蓿的土地必须排水通畅；耐盐性较强，可在可溶性盐含量 0.3% 以下的土壤中生长。

（4）养分　为获得稳产高产，应多施肥。紫花苜蓿根部共生根瘤菌，常结成较多根瘤，固氮能力强，但特别需要磷肥，此外，根外追施硼、锰、钼肥对紫花苜蓿尤其是种子的增产效果也很显著。

（5）光周期和光合作用　紫花苜蓿属于强光合作用植物，通常一个发育良好的苜蓿群体，其叶面积指数应达到 5，叶子生长越茂盛，其光合作用越强，叶子淀粉含量也就越高。

（6）紫花苜蓿的秋眠性　秋眠性是紫花苜蓿的一种生长特性，实质上是其生长习性的差异，即秋季在北纬地区由于光照减少和气温下降，导致紫花苜蓿形态类型和生产能力发生变化。

（7）开花与授粉　紫花苜蓿为总状花序，是很严格的异花授粉植物，自交授粉率一般不超过2.6%。

（8）寿命和生产力　紫花苜蓿是多年生豆科牧草，寿命很长，一般20～30年，最长可达100年。

2. 紫花苜蓿的营养价值

紫花苜蓿是各种家畜的上等饲料，不论青饲、放牧还是调制的干草、青储，其适口性均较好，各类家畜都很爱吃。干草所含养分，如粗蛋白质和粗灰分都很多，粗蛋白质含量在开花20%时最高，叶片含有23.0%～27.67%的粗蛋白质，干茎含有10.2%～12.2%的粗蛋白质，其蛋白质消化率约为81%；矿物质中磷、钙含量较多，各种维生素含量也很丰富；它的粗纤维消化速率快，因而可增加采食量。

总的来说，紫花苜蓿的营养价值较禾本科牧草高，其干物质消化率一般为60%，并含有各种色素，对家畜生长发育及乳汁、卵黄的颜色均有好处。

3. 栽培技术

紫花苜蓿种子细小，播前要求精细整地，并保持土壤墒情，在贫瘠土壤上需施适量厩肥或磷肥用作底肥。一年四季均可播种：在春季墒情好、风沙危害少的地方可春播；春季干旱、晚霜期较迟的地区可在雨季末播种；冬季不太寒冷的地区可于8月下旬到9月中旬播种，秋播墒情好，杂草危害较轻；也可在初冬土壤封冻前播种，寄籽越冬，利用早春土壤化冻时的水分出苗。一般多采用条播，行距为30～40厘米，播深为1～2厘米，每亩播种量为1～1.5千克。苗期植株生长缓慢，易受杂草侵害，应及时除草。在早春返青前或每次刈割后进行中耕松土，干旱季节和刈割后浇水对提高产草量效果非常显著。每年可刈割3～4次，一般亩产干草600～800千克，高者可达1000千克。通常4～5千克鲜草晒制1千克干草。晒制干草应在10%植株开花时刈割，留茬高度以5厘米为宜。

二、青储玉米的种植

建立青储玉米基地，调整产业结构，扩大以全株青储玉米为主的一年生牧草种植面积，加大禾本科、豆科牧草的种植面积，加大禾本科牧草混合复种的面积，实现饲草产量最大化和结构多元化。

三、建立青绿多汁饲料基地

加大胡萝卜、饲用甜菜的种植面积，以加大青绿多汁饲料的供给。青绿多汁饲料的应用满足了肉羊对多种维生素、微量元素的需要。

第二节　科学调制饲草

一、多年生牧草干储

有些多年生牧草适合干储，比如紫花苜蓿，其干物质中富含营养，且经过干燥后营养也不易被破坏，经过干储后饲喂肉羊效果很好。但要掌握好刈割时间。紫花苜蓿刈割最适宜时期为孕蕾至初花期，因此时的营养价值最高。另外应选择晴天刈割，防止雨淋，制干含水量20%左右（可折断）时堆垛存放。

1.制干

紫花苜蓿储藏必须制干，以防霉变。制干可采用自然晒干、风干和烘干的方式，其中烘干成本较高。

2.碾干

在盛花期将紫花苜蓿青割并打成捆，将其与麦秸或其他作物秸秆混合碾压1～3遍，晾晒后堆储或打捆。

3.打垛

将碾青后的紫花苜蓿和农作物秸秆混合打垛，垛的最上层全部铺以麦草（防雨）。

4.制粒

用制粒机将风干后的紫花苜蓿制粒，作为高蛋白质饲料利用。

二、一年生牧草青储

玉米、甜高粱等一年生牧草实行青储。

1.收割

青储全株玉米的收割时间是很重要的因素，将会直接影响到青储玉米的质量，最适宜的收割时间是玉米秸秆下边有 1～2 片叶枯黄时。

2.铡短切碎

青储时将收割来的原料切至 3～5 厘米，水分保持在 60%～70%，即抓一把切断的原料握在手中紧捏，手中有水珠，但不成串则水分适中；若捏不出水珠，则是水分不足；要加水调制；若成串流出，则水分过大，可晾晒或加入秕谷减少水分。

图 6-1   收割机收割青储玉米随割随切

3.装料、压实

将原料随割随切（图 6-1）随装填在青储窖中，分层装填并分层压实，即装料 30～45 厘米时必须压实一次，小型窖人工踩踏，大、中型窖用拖拉机来回镇压，边缘和四周压不到的要用人工踩踏，排除缝隙中存留的空气。

4.封顶、检查

原料装填至高于青储窖上沿 30 厘米成馒头型，为防止接触棚膜的一层变质腐烂，在原料表面均匀撒食盐 250 克/米^2，然后盖上 0.125 毫米厚的无毒塑料膜，膜上面压上约 20 厘米厚的土并压实，四周封严，以保证厌氧发酵。随时观察，如有下沉或裂缝，应及时修填拍实，并在四周挖好排水沟。

5.开窖启用

一般青储后经 20 天左右的乳酸发酵过程就可开窖取用，使用青储饲料过程中要自上而下逐层取料，始终保持料面平整，取料后随手封好，以防止二次发酵。

6.品质鉴定

优质青储饲料为青绿色或黄绿色，有光泽，有芳香酒酸味，质地柔软湿润，茎叶结构良好，保持原状容易分离；劣质的多为褐色、黑褐色或黑色，质地松软腐烂，失去茎叶的结构，有臭味或霉味，这种青储饲料不能喂羊。

7.饲喂方法

用优质青储饲料喂羊，开始时由少到多与其他饲料掺喂，饲喂量不超过日粮总量的 1/2，羔羊每头日喂量 3～5 千克，育肥羊每天日喂量 10～15 千克。

三、农作物秸秆氨化、微储

以农作物秸秆氨化为主，示范推广酶储、微储，通过加工调制实现牧草的有效利用，解决了肉羊养殖常年缺草的问题。

1.氨化饲料

饲草氨化是近年来国内外大力推广的畜牧实用新技术，经氨化处理的秸秆，粗蛋白质含量提高 1～2 倍，而且适口性好，利用率高，能量转化率可提高 10%～15%。现将其制作方法介绍如下：

（1）氨化前的准备　各种农作物秸秆一般都可氨化，如玉米秆、稻草和麦秸等。用于氨化的秸秆最好是新的，没受污染的；氨化要选择风和日暖的天气进行。先准备好铡草机和配套动力及大缸、水桶、喷壶等用具。

（2）配制尿素溶液　按 100 千克秸秆加 3～5 千克尿素、10 千克水、按比例配制好尿素溶液备用。先准确称取尿素放入大缸中，然后加足水。如气温较低，可先用少量温水将尿素溶解，然后按比例加足水，并用木棒搅动，直至尿素完全溶解为止。

（3）装窖与封窖　用铡草机或切割机将秸秆铡成 2～3 厘米，装入窖中。一边装窖，一边用喷壶均匀喷洒尿素溶液，一边踏实。装满窖口，高出地面 30 厘米为止。装窖要连续作业，当日封窖。装满窖后，用塑料布盖严，上面覆土 20 厘米厚。周围挖好排水沟，防止雨水渗入。经常检查，如发现下沉裂缝，及时用土填平。

（4）开窖与利用　一般冬季 50 天，春秋季 20 天，夏季 10 天即可开窖利用。开窖后，氨化饲料具有强烈的氨气味，经 1～2 天风吹日晒，氨气味放净后再喂牲畜。开始牲畜不习惯吃氨化饲草，可先少掺些，以后逐渐增多。

　　2. 微储饲料

　　秸秆微储是在秸秆中加入微生物活性菌种，放入一定的容器中进行发酵，使秸秆变成带有酸、香、酒味的家畜喜食的粗饲料。由于它是利用微生物对饲料进行发酵，故称微储。秸秆微储饲料的特点是成本低、效益高，能提高消化率和营养价值。

　　(1) 原料　麦秸、稻草、黄玉米秸、土豆秧、山芋秧、青玉米秸、无毒野草及青绿水生植物等，无论是干秸秆还是青秸秆，都可作为微储的原料。

　　(2) 调制方法　微储时秸秆铡成 3～5 厘米长，按 1∶(1.5～2) 的比例将水均匀地喷洒到草上，即 100 千克干草加水 150～200 千克。酶储时复合酶的用量是干草重量的 0.1%。先用 10 倍以上玉米粉或 20 倍以上的麸皮、1.0%～1.5% 的食盐混合均匀，再逐级与草粉混合均匀。要有计划地掌握应喷洒的数量，使秸秆含水率达 60%～70%。喷洒后及时踩实，尤其注意窖的四周及角落处。压实后再铺放 20～30 厘米厚的秸秆、喷洒菌液、踩实等。如此一层层地装填原料，直到原料高出窖口 30 厘米，在最上层均匀撒上食盐，盖上塑料薄膜。食盐用量为 250 克/米^2，其目的是确保微储饲料上部不发生霉烂变质。盖上塑料薄膜后，在上面铺 20～30 厘米厚的稻草或麦秸，覆土 15～20 厘米，密封。随时观察，如有下沉和裂缝，应及时修填拍实，并在四周挖好排水沟。

　　(3) 品质鉴定　秸秆微储饲料，一般需在窖内储 21～30 天才能取喂，冬季则需要时间更长些。取料时要从一角开始，从上到下逐段取用。每次取出量应以当天能喂完为宜。一般育肥羊每头每日可食 10～15 千克，羔羊每头每日可食 5～7 千克。每次取料后必须立即将口封严，以免雨水浸入引起微储饲料变质。优质微储青玉米秸秆呈橄榄绿色，稻草、麦秸呈金黄褐色，具有醇香味和果香气味，并具有弱酸味。若拿到手里发黏，或者粘在一起，则不能饲喂。

第七章 —»
羊病诊断技术

第一节　临床检查

一、群体检查

临床诊断时，羊的数量较多，不可能逐一进行检查时应先作大群检查，从羊群中先剔出病羊和可疑病羊，然后再对其进行个体检查。

运动、休息和采食饮水三种状态的检查，是对大群羊进行临床检查的三大环节；眼看、耳听、手摸、检温是对大群羊进行临床检查的主要方法。运用"看、听、摸、检"的方法通过"动、静、食"三态的检查，可以把大部分病羊从羊群中检查出来。运动时的检查，是在羊群自然活动和人为驱赶活动时的检查，从不正常的动态中找出病羊。休息时的检查，是在保持羊群安静的情况下，进行看和听，以检出姿态和声音异常的羊。采食饮水时的检查，是在羊自然采食、饮水时进行的检查，以检出采食饮水有异常表现的羊。"三态"的检查可根据实际情况灵活运用。

1.运动时的检查

首先观察羊的精神外貌和姿态步样。健康羊精神活泼，步态平稳，不离群，不掉队；而病羊多精神不振，沉郁或兴奋不安，步态踉跄，跛行，前肢软弱跪地或后肢麻痹，有时突然倒地发生痉挛等，应将其挑出作个体检查。其次注意观察羊的天然孔及分泌物。健康羊鼻镜湿润，鼻孔、眼及嘴角干净；病羊则表现鼻镜干燥，鼻孔流出分泌物，有时鼻孔周围污染脏土杂物，眼角附着脓性分泌物，嘴角流出唾液，发现这样的羊，应将其剔出复检。

2.休息时的检查

首先，有顺序地并尽可能地逐只观察羊的站立和躺卧姿态。健康羊吃饱后多合群卧地休息，时而进行反刍，当有人接近时常起身离去；病羊常独自呆立一侧，肌肉震颤及痉挛，或离群单卧，长时间不见其反刍，有人接近也不动。其次，与运动时的检查一样要注意羊的天然孔、分泌物及呼吸状态等。再次，注意羊的被毛状态，发现被毛有脱落之处，无毛部位有痘疹或痂皮时，以及听到磨牙、咳嗽或喷嚏声时，均应剔出来检查。

3.采食饮水时的检查

采食饮水时的检查是在放牧、喂饲或饮水时对羊的食欲及采食饮水状态进行的观察。健康羊在放牧时多走在前头，边走边吃草，饲喂时也多抢着吃；饮水时，多迅速奔向饮水处，争先喝水。病羊吃草时，多落在后边，时吃时停，或离群停立不吃草；饮水时，或不喝或暴饮，如发现这样的羊应剔出复检。

二、个体检查

临床诊断法是诊断羊病最常用的方法。通过问诊、视诊、嗅诊、听诊、触诊、叩诊，综合起来加以分析，可以对疾病做出初步诊断。

1.问诊

问诊是通过询问畜主，了解羊发病的有关情况，包括发病时间，头数，病前病后的表现，病史，治疗情况，免疫情况，饲养管理及羊的年龄等情况，并对其进行分析。

2.视诊

视诊是通过观察了解病羊的表现，包括羊的肥瘦、姿势、步态及羊的被毛、皮肤、黏膜、粪尿等来诊断。

（1）肥瘦 一般急性病，如急性鼓胀、急性炭疽等，病羊身体仍然肥壮；相反，一般慢性病，如寄生虫病等，病羊身体多瘦弱。

（2）姿势 观察病羊的一举一动，找出病的部位。

（3）步态 健康羊步伐活泼而稳定；病羊常表现行动不稳，或不喜行走。当羊的四肢肌肉、关节或蹄部发生疾病时，则表现为跛行。

（4）被毛和皮肤 健康羊的被毛平整而不易脱落，富有光泽；在病理状态下，羊的被毛粗乱蓬松、失去光泽，而且容易脱落。患螨病的羊，被毛脱落，同时皮肤变厚变硬，出现蹭痒和擦伤，观察时还要注意有无外伤等。

（5）黏膜 健康羊的可视黏膜光滑呈粉红色。若口腔黏膜发红，多半是由于体温升高、身体有炎症；黏膜发红并带有红点、血丝或黏膜呈紫色，是由于严重的中毒或传染病引起的；黏膜苍白色，多为贫血病；黏膜黄色，多为黄疸病；黏膜蓝色，多为肺脏、心脏患病。

（6）采食饮水 羊的采食饮水减少或停止，首先要查看口腔有无异物、口腔是否溃疡、舌是否有烂伤等。反刍减少或停止，往往是由于羊的前胃疾病。

（7）粪尿 主要检查其形状、硬度、色泽及附着物等。粪便过干，多为缺水和肠弛缓；过稀，多为肠机能亢进；混有黏液过多，表示肠黏膜有卡他性炎症；含有完整谷粒，表示消化不良；混有纤维素膜，视为纤维素性肠炎。另外，还要认真检查粪尿中是否含有寄生虫及其节片。排尿痛苦、失禁表示泌尿系统有炎症、结石等。

（8）呼吸 呼吸次数增多，常见于急性病、热性病、呼吸系统疾病、心衰、贫血及腹压升高等；呼吸次数减少，主要见于某些中毒、代谢障碍、昏迷。

3.嗅诊

嗅诊是指通过嗅闻分泌物、排泄物、呼出气体及口腔气味来诊断。肺坏疽时，鼻液带有腐败性恶臭；胃肠炎时，粪便腥臭或恶臭；消化不良时，呼气有酸臭味等。

4.触诊

触诊是用手感触被检查的部位，并加压力，以便确定被检查的各器官组织是否正常。

（1）体温 用手摸羊耳朵或插进羊嘴里握住舌头，检查是否发烧，再用体温计测量，高温常见于传染病。

（2）脉搏 注意每分钟跳动次数和强弱等。

（3）体表淋巴结　当羊发生结核病、伪结核病、羊链球菌病时，体表淋巴结往往肿大，其形状、硬度、温度、敏感性及活动性等都会发生变化。

5.听诊

听诊是利用听觉来判断羊体内正常的和异常的声音（需在清静的地方进行）。

（1）心脏　心音增强，见于热性病的初期；心音减弱，见于心脏机能障碍的后期或患有渗出性胸膜炎、心包炎；第二心音增强，见于肺气肿、肺水肿、肾炎等病理过程中。听到其他杂音，多为瓣膜疾病、创伤性心包炎、胸膜炎等。

（2）肺脏

① 肺泡呼吸音：过强，多为支气管炎、黏膜肿胀等；过弱，多为肺泡肿胀、肺泡气肿、渗出性胸膜炎等。

② 支气管呼吸音：在肺部听到，多为肺炎的肝变期，见于羊的传染性胸膜肺炎等病。

③ 啰音：分干啰音和湿啰音。干啰音甚为复杂，有咝咝声、笛声、口哨声及猫鸣声等，多见于慢性支气管炎、慢性肺气肿、肺结核等；湿啰音似含漱音、沸腾音或水泡破裂音，多发生于肺水肿、肺充血、肺出血、慢性肺炎等。

④ 捻发音：多发生于慢性肺炎、肺水肿等。

⑤ 摩擦音：多发生在肺与胸膜之间，多见于纤维素性胸膜肺炎、胸膜结核等。

（3）腹部听诊　主要听取腹部胃肠运动的声音。前胃弛缓或发生热性疾病时，瘤胃蠕动音减弱或消失；肠炎初期，肠音亢进；便秘时，肠音消失。

6.叩诊

叩诊的声响有清音、浊音、半浊音、鼓音。清音为叩诊健康羊胸廓所发出的持续的、高而清的声音；浊音，当羊胸腔积聚大量渗出液时，叩打胸壁出现水平浊音界；半浊音，羊患支气管肺炎时，肺泡含气量减少，叩诊呈半浊音；鼓音，若瘤胃鼓胀，则鼓响音增强。

第二节 实验室检查

实验室检查是羊病综合诊断的重要方法之一。其主要内容包括病料的采集、保存、包装和送检，细菌学检查，病毒学检查，寄生虫学检查及病理学检查等，是在流行病学调查、临床诊断及病理剖检等初步诊断的基础上进行的，是最后确诊的重要手段。

一、病料的采集

采集病料前对所用的刀、剪、镊子、注射器、针头等应预先消毒处理，金属器械使用前要在火焰上烧一下，玻璃器皿用高压灭菌，软木塞、橡皮塞置于 0.5％石炭酸水溶液或 1％碳酸钠水溶液中煮沸消毒 10 分钟左右。每采取一种病料使用一套器械或容器，互相不能混用。采取病料时，不同疾病采取的病料不同，如口蹄疫、水疱病等采取水疱皮和水疱液，狂犬病、伪狂犬病等取脑部组织。原则上要求采取病原微生物含量多、病变明显的部位，同时易于采取、保存和运送。如果临床缺乏资料，剖检时又难以分析判断可能属于哪一种病，应比较全面地取材，如脑、血液、肝、脾、肺、肾和淋巴结，同时要注意带有病变的部分。如果怀疑是炭疽病，除非必要时不准做尸体剖检，割取一只耳朵即可。尽量无菌采取，而且操作必须迅速，特别是在炎热的夏季。

二、病料的保存

病料采取后，如不能立即检验或须送有关单位检验，应当加入适量保存剂，使其尽量保持新鲜状态。

① 细菌检验所采取的脏器、组织一般可用灭菌的 30％甘油缓冲液或灭菌的液体石蜡保存，液体病料可装入封闭的毛细玻璃管或试管中。

② 病毒检验一般将所采取的病料保存于灭菌的 50％甘油缓冲盐水溶液或灭菌的鸡蛋生理盐水内。

③ 血清学检验固体病料，如小块肠、耳、脾、肝、肾、皮肤材料等，

可用硼酸或食盐处理，每毫升血清中可加5％石炭酸1滴。

④ 病理组织学检验时将病料立即放入10％福尔马林或95％酒精中固定，任何一种固定液的用量均须为标本体积的10倍以上，如用10％福尔马林溶液固定，应在24小时后换新鲜溶液1次。脑、脊髓组织须用10％中性福尔马林溶液固定。为了防止严寒季节组织冻结，在送检时可将上述固定好的组织块保存于甘油和10％福尔马林等量混合液中。

三、病料的包装

病料包装要求安全稳妥，病原学检查的材料应放入加有冰块的保温瓶内送检。包装好的病料应尽快由专人送检。

四、病料的送检

送检病料必须附有说明，其内容包括送检单位及地址，病羊品种、性别、年龄，发病日期，死亡时间，取材时间，病料名称及序号，病料中加入何种保存液，主要临床症状，病理剖检变化，曾经进行过何种治疗以及该疫病的流行情况等，并提出送检的目的和要求，将盛有病料的容器加盖加塞，并用蜡封闭严密。

五、病料的检查

（1）血液检查　通常是采取瑞氏染色或姬姆萨染色，于显微镜下检查。先用低倍镜检查，再用高倍镜和油镜检查。

（2）病理组织检查　无菌采取病变组织制作成触片，然后染色、镜检，或制作成病理组织切片经显微镜检查。

（3）病原微生物检查　细菌学检验有涂片镜检、分离培养和动物试验等。

① 涂片镜检：将病料涂于清洁无油污的载玻片上，干燥后在酒精灯火焰上固定，选用单染色法（如美蓝染色法）、革兰染色法、抗酸染色法或其他特殊染色法染色镜检，根据所观察到的细菌形态特征，作出初步判断或确定进一步检验的步骤。

② 分离培养：根据所怀疑传染病病原菌的特点，将病料接种于适宜

的细菌培养基上，在一定温度（常为 37℃）下进行培养，获得纯培养物后，再用特殊的培养基培养，进行细菌的形态学、培养特征、生化特性、致病力和抗原特性鉴定。

③ 动物试验：用灭菌生理盐水将病料做成 1∶10 的悬浮液，或利用分离培养获得的细菌液感染试验动物。感染方法可用皮下、肌内、腹腔、静脉或脑内注射。感染后按常规隔离饲养管理，注意观察，有时还须对某种试验动物测量体温，如有死亡，应立即进行剖检及细菌学检查。首先无菌取出病料组织，用磷酸缓冲液反复洗涤；然后将组织剪碎、研细，加磷酸缓冲液制成 1∶10 的悬浮液（血液或渗出液可直接制成 1∶10 的悬浮液），经离心沉淀取出上清液，每毫升加入青霉素和链霉素各 100 单位，置冰箱中备用。把样品接种到鸡胚或细胞培养物上进行培养。对分离到的病毒，用电子显微镜检查，并用血清学试验及动物试验等方法进行物理化学和生物学特性的鉴定。或将待检样品经分离培养得到的病毒液接种易感动物。常用的检验方法有凝集反应、沉淀反应、补体结合、免疫学检验反应、中和试验等血清学检验方法，以及用于某些传染病生前诊断的变态反应等。目前较先进的检验方法有免疫扩散技术、荧光抗体技术、酶标记技术、单克隆抗体技术和 PCR 技术等。

第二篇
肉羊疾病

知识要点

▶ 肉羊的主要传染病

▶ 肉羊的普通病

▶ 肉羊的寄生虫病

▶ 羊的常见代谢病、中毒病

　　肉羊的疾病是羊在致病因素作用下发生损伤与抗损伤的斗争过程，在此过程中机体表现出一系列机能代谢和形态的变化，这些变化使机体内外环境之间的相对平衡状态发生紊乱，从而出现一系列的症状与体征，并造成羊的生产能力下降及经济价值降低。

　　羊病主要包括羊传染性疾病、羊普通病、羊寄生虫病以及羊常见的代谢病和中毒病。危害养羊业比较严重的主要是传染性疾病。目前危害养羊业最严重的有口蹄疫（五号病）、羊传染性胸膜肺炎、小反刍兽疫、寄生虫病等。

第八章 ——»
肉羊的主要传染病

第一节　羊快疫

一、病原

本病病原为腐败梭菌，一种革兰阳性的厌氧大杆菌，菌体正直，两端钝圆。用死亡羊的脏器，特别是肝脏被膜触片染色后镜检，常见到无关节的长丝状菌体，这一特征对诊断本病有重要价值。该菌在动物体内外均可产生芽孢，不形成荚膜，可产生多种毒素，具有致死、坏死特性。发病羊多为6～18月龄的绵羊，山羊较少发病，主要经消化道感染。

二、流行病学

腐败梭菌常以芽孢的形式分布于低洼草地、耕地及沼泽之中。羊采食被污染的饲料和饮水后，芽孢进入羊消化道，多数不发病。在气候骤变、阴雨连绵以及秋、冬寒冷季节，羊感冒或机体抗病能力下降，腐败梭菌大量繁殖，产生外毒素并引起发病、死亡。

腐败梭菌通常以芽孢体的形式散布于自然界，潮湿低洼的环境可促使羊发病，寒冷、饥饿和抵抗力降低时容易诱发本病。本病常呈地方性流行，发病率约10%～20%，病死率为90%。

三、临床症状

羊突然发病，往往未表现出临床症状即倒地死亡，常常在放牧途中或牧场上死亡，也有的早晨发现死在羊圈舍内。有的病羊离群独居，卧地，不愿意走动，强迫其行走时，则运步无力，运动失调，腹部鼓胀，有疝痛表现。体温有的升高到41.5℃，有的体温正常。发病羊以极度衰竭、昏迷至发病后数分钟或几天内死亡。

四、诊断

在羊生前诊断本病有困难，根据临床症状只能初步诊断，死后剖检可见真胃出血、水肿（图8-1），确诊需进行细菌学检验。

图8-1 羊快疫（彩图）

（1）抹片镜检 用死羊肝脏的被膜触片、染色、镜检，可见到无关节的长丝状菌体。

（2）分离培养 常用葡萄糖血琼脂和肉汤分离病菌后做生化试验。

（3）动物试验 将新鲜病料肌内注射接种于小鼠或豚鼠，小鼠或豚鼠常在24小时内死亡，这时立即采脏器做触片镜检。

五、防治

1.治疗

大多数病羊来不及治疗即死亡。对那些病程稍长的病羊，可用青霉素肌内注射，每只羊每次160万～320万单位，每天2次，或内服磺胺嘧啶0.1～0.2克/千克体重，每天2次。辅助疗法：强心、补液解除代谢性酸中毒。对可疑病羊全群进行预防性投药，如饮水中加入恩诺沙星或环丙沙星等。

血清药物治疗：

首先病羊要隔离，同时对发病的羊进行血清药物治疗，推荐方案：羊速清＋头孢＋干扰素，连用2～3天，治愈率在90%以上。

2.预防措施

① 对全群羊注射羊三联四防疫苗，每年春、秋各注射一次。

② 加强饲养管理，防止羊受寒冷刺激，严禁吃霜冻饲料。在易发地区每年春、秋两季注射羊7联血清——羊速清（羊小反刍兽疫，羊痘，羊

口疮病，羊肠毒血症，羊快疫，羊黑疫，羔羊痢疾），每年秋冬、初春季节不在潮湿地区放牧。

③ 在易发季节，适当补饲精料，增加营养，提高羊体抗病能力，不让羊采食冰冻饲草，防寒，防止感冒，发现可疑病羊，立即上报有关部门，采取隔离消毒措施，防止疫情扩散。

④ 对病程稍长的病例，在防疫措施保护下，给予每只羊 160 万～240 万单位青霉素 1 次肌内注射，1 天 2 次。

第二节　羊肠毒血症

一、病原

羊肠毒血症是魏氏梭菌（产气荚膜梭菌 D 型）在羊肠道内大量繁殖并产生毒素所引起的绵羊急性传染病。该病以发病急、死亡快、死后肾脏多见软化为特征，又称软肾病、类快疫。

二、流行特点

本病发病以绵羊为多，山羊较少。通常以 2～12 月龄、膘情好的羊为主，经消化道而发生内源性感染。牧区以春夏之交抢青时和秋季牧草结籽后的一段时间发病为多。农区则多见于收割抢茬季节或食入大量富含蛋白质饲料时。本病多呈散发性流行。

三、症状

突然发病，羊只表现不安，有腹痛症状，肚胀，离群呆立，独自奔跑或卧下。病羊在临死前步态不稳，心跳加快，呼吸增数，全身肌肉颤抖，磨牙，侧身倒地，四肢痉挛，左右翻滚，头颈向后弯曲，鼻流白沫，肛门排出黄褐色或白红色水样粪便。病羊一般体温不高，急性病例从发病到死亡仅 1～4 小时，无抢救时间。病情缓慢的病例，可延至 12 小时或 2～3 天死亡。

四、病理变化

胸、腹腔和心包常有积液，心脏扩张，心肌松软，心内外膜有出血点（图8-2）。比较有特征且有鉴别意义的是肠道和肾的变化：肠道黏膜充血、出血，严重的整个肠段、肠壁呈血红色，有的还有溃疡；肾脏软化如泥样，稍加触压即朽烂。

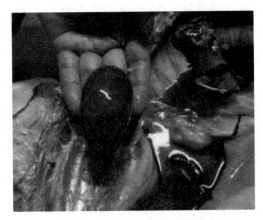

图8-2　羊肠毒血症（彩图）

五、防治

1.治疗

发病缓慢的，用长效磺胺嘧啶钠、生理盐水输液，但液速要慢；或口服磺胺嘧啶片，肌内注射青霉素，3～4日病羊逐渐康复；或肌内注射盐酸恩诺沙星注射液，一次量0.5毫升/千克体重，一日1～2次，连用2～3日。

2.预防措施

本病重在预防，羊舍应建在高燥的地方，避免过多饲喂精料、多汁饲料。每日在饲料中加入每千克体重120毫克的金霉素，连续数日，采取上述措施后，再进行疫苗注射，可用羊三联苗（羊快疫、羊肠毒血症、魏氏梭菌病）肌内注射，每只羊1毫升，可以很好地控制该病的发生。

春夏之际少抢青、抢茬，秋季避免吃过量结籽饲草；发病时搬圈至高燥地区。常发地区定期注射羊厌气菌病三联苗或五联苗，大小羊只一律皮下或肌内注射5毫升。

第三节　羊猝狙

一、病原

羊猝狙是由C型产气荚膜杆菌引起的，以急性死亡为特征，伴有腹膜炎和溃疡性肠炎的羊的急性传染病。1～2岁的绵羊易发。

二、流行病学

羊猝狙发生于成年绵羊，以1～2岁的绵羊发病较多。本病常见于低洼、沼泽地区，多发生于冬春季节，常呈地方性流行。

三、症状

病原随污染的饲料和饮水进入羊的消化道，在小肠内繁殖并产生毒素，引起羊发病。病程短促，常未见到症状就突然死亡。有时发现病羊掉群、卧地、表现不安、衰弱和痉挛。

四、病理变化

病理变化主要见于消化道和循环系统：胸腹腔和心包大量积液，小肠严重充血，糜烂，可见大小不等的溃疡及腹膜炎等（图8-3）。

图 8-3　羊猝狙（彩图）

五、诊断

根据成年绵羊突然死亡及剖解所见病变，可初步诊断为猝狙。确诊需从体腔渗出液、脾脏取材做细菌的分离和鉴定，以及从小肠内容物里检查有无毒素。

六、防治

① 加强饲养管理，提高羊只的抗病能力。

② 定期注射羊快疫、羊猝狙和羊肠毒血症三联苗。

③ 对发病羊只肌内注射恩诺沙星，一次量0.5毫升/千克体重，一日1～2次，连用2～3日。

④ 对腹泻重的羊，可肌内注射羊毒抗0.1毫升/千克体重，1次/天，连用2天。预防剂量减半或遵医嘱。

⑤ 对羊舍、水槽、料槽及用具进行彻底的消毒。羊舍可用 0.2% 百毒杀、0.1% 过氧乙酸等喷洒，每日一次。水槽、料槽用 0.1% 高锰酸钾浸泡消毒 5～20 分钟。对空羊舍、庭院、道路等可用 2% 氢氧化钠溶液喷洒消毒，每周一次。

第四节　羔羊痢疾

羔羊痢疾是由 B 型魏氏梭菌引起的新生羔羊的一种急性毒血症，其特征为持续性下痢和小肠溃疡，死亡率很高。由于小肠有急性发炎变化，故俗称"红肠子病"。本病一般发生于出生后 1～3 天的羔羊，较大的羔羊比较少见。一旦某一地区发生本病，以后几年内可能继续使 3 周以内的羔羊患病，表现为亚急性或慢性。

一、病原

B 型魏氏梭菌广泛存在于外界环境中，患病动物的肠内容物和受害的肠黏膜上，尤其是溃疡组织中均能分离到本菌，它能在小肠（特别是回肠）内迅速大量繁殖并产生毒素，呈现出致病作用。

二、流行病学

羔羊在出生后数日内，病原通过羔羊吮乳、饲养员的手和羊粪而进入羔羊的消化道。促使该病发生的诱因主要是母羊妊娠期营养不良、羔羊体质瘦弱、气候寒冷、棚圈和卫生条件差等。该病一般发生于 7 日龄以内的羔羊，以 2～4 日龄羔羊发病率最高。

三、症状

发病 1～2 天内发生腹泻，粪便糊状或液状，呈褐绿、橙黄、黄绿、黄白或灰白色不等，后期可能混有血液，甚至成为血便。病羔很快虚弱或卧地不起，病程 1～2 天，多数转归死亡。少数病羔不出现明显腹泻，只表现腹胀，其主要症状是：四肢无力，卧地不起，体温低，呼吸急促，昏迷。病程一般只有数小时之久，多数死亡。

四、病理变化

最显著的病理变化是消化道炎症。真胃内常有未消化的乳凝块，回肠和其他小肠段黏膜充血（图8-4），常有多数小溃疡，其周围可见红色的充血带。尸体有明显脱水，后躯因下痢而污秽不洁。

图 8-4　羔羊痢疾（彩图）

五、防治

1. 治疗

① 口服土霉素、链霉素各 0.125～0.25 克，也可再加乳酶生 1 片，每日两次。

② 肌内注射恩诺沙星注射液：一次量 0.5 毫升/千克体重，每日 1～2 次，连用 2～3 日。

③ 注射羔羊痢疾血清进行治疗，每日一次，同时可配合刀豆素，肌内注射，视病情严重程度连用 1～3 次即可。

④ 口服杨树花口服液，每日 1～2 次。

2. 预防

① 加强对妊娠母羊的饲养管理，供给充足的营养，保证胎儿正常发育。

② 保证妊娠母羊的羊舍清洁、保暖，必要时可进行一次消毒工作。

③ 给羔羊注射生物血清——羊疫血抗。

第五节　羊钩端螺旋体病

一、病原

羊钩端螺旋体病又称黄疸血红蛋白尿，钩端螺旋体病是由致病性钩端螺旋体引起的人畜共患的急性传染病，是绵羊和山羊共患的一种传染病，其特征为显著的黄疸、血尿、皮肤和黏膜出血与坏死。全年均可发病，以夏、秋放牧期间更为多见。

钩端螺旋体对外界抵抗力较强，在水田、池塘、沼泽中可以存活数月或更长时间，对热、日光、干燥和一般消毒剂均敏感。

二、传染途径

传染的主要来源是病畜和鼠类。病畜和鼠类从尿中排菌，污染饲料和水源，病原可以通过消化道和皮肤传给健康羊，有时也可通过鼠咬伤、结膜或上呼吸道黏膜传染，间或可能通过交配传染或胎内感染。本病在夏、秋季多见，幼羊较成年羊易感且病情严重，一般呈散发。

三、症状

绵羊和山羊的潜伏期为 4～15 天。通常表现为隐性传染，临床表现为体温升高，呼吸和心跳加速，结膜发黄，黏膜和皮肤坏死，消瘦，黄疸，血尿，迅速衰竭而死，孕羊流产。依照病程不同，可将该病分为最急性型、急性型、亚急性型、慢性型和非典型性型 5 种。本病通常呈急性或亚急性，很少呈慢性。

1. 最急性型症状

病羊体温升高到 40～41.5℃，脉搏增加达 90～100 次/分钟，呼吸加快，黏膜发黄，尿呈红色，有下痢。经 12～14 小时死亡。

2. 急性型症状

病羊体温高达 40.5～41℃；由于胃肠道弛缓而发生便秘，尿呈暗红色；眼发生结膜炎，流泪；鼻腔流出黏液脓性或脓性分泌物，鼻孔周围的皮肤破裂。病程持续 5～10 天，死亡率达 50%～70%。

3. 亚急性型症状

该型症状与急性型大体相同，只是发展比较缓慢。病羊体温升高后，可迅速降到常温，也可能下降后又重复升高；黄疸及血色素尿很显著；耳部、躯干部及乳头部的皮肤发生坏死；胃肠道显著弛缓，因而发生严重的便秘。该型虽然可能痊愈，但极为缓慢，死亡率为 24%～25%。

4.慢性型症状

该型的临床症状不显著，只是呈现发热及血尿。病羊食欲减退，精神委顿，由于胃肠道动作弛缓而发生便秘。时间经久，病羊表现十分消瘦。某些病羊可能获得痊愈，病期长达3～5个月。

5.非典型性型症状

非典型性型所特有的症状不明显，甚至缺乏，疫群内往往有些羊仅仅表现短暂的体温升高。

四、病理变化

剖检病变可见皮下组织发黄，皮肤和黏膜坏死或溃疡（图8-5）；内脏广泛发生出血点；膀胱黏膜出血，膀胱内有红色尿液；淋巴结肿大，胸、腹腔内有黄色液体；肝脏增大，呈黄褐色，质脆弱或柔软。

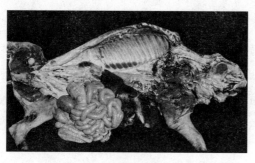

图8-5　羊钩端螺旋体病（彩图）

肾脏的病变具有诊断意义，肾急剧增大，被膜很容易剥离，切面通常湿润，髓质与皮质的界限消失，组织柔软而质脆。肾脏表面有多处散在的红棕色或灰白色小病灶，病期长久时，则肾脏变坚硬。

肺脏黄染，有时水肿。心脏淡红色，大多数情况下带有淡黄色。脑室中聚积有大量液体。血液稀薄如水，红细胞溶解，在空气中长时间不能凝固。

五、诊断

根据发病特点、发病症状、病理变化，结合实验室检查，可作出确诊。在病羊发热初期采取血液，在无热期采取尿液；病羊死后立即取肾和肝，送实验室进行钩端螺旋体检查。用姬姆萨或镀银染色或暗视野直接镜检，可见到呈螺旋状、两端弯曲成钩状的病原体。

1.直接镜检钩端螺旋体

采血液、尿液、脑脊液、肝、肾、脾、脑等病料。血液、尿液、脑脊液以 3000 转/分钟离心 30 分钟，取沉淀物制成压滴标本，在暗视野显微镜下检查；肝、肾、脾组织先制成 1∶（5～10）的悬液，经 1500 转/分钟离心 5～10 分钟，其上清液再以 3000 转/分钟离心 30 分钟，沉淀物制片镜检。也可将病料接种于柯索夫、希夫纳培养基或鸡胚培养（25～30℃），每隔 5～7 天取料暗视野检查。见有钩端螺旋体，即可确诊。

2.血清学检查

凝集溶解试验、补体结合试验、间接血凝试验及酶联免疫吸附试验，均可用于诊断。

3.动物试验

采用鲜血、尿或肝、肾及胎羊等组织制成乳剂，取 1～3 毫升接种于体重 100～200 克的幼龄仓鼠、豚鼠或体重 250～400 克的 14～18 日龄仔兔，3～5 天后试验动物体温升高，减食，黄疸，死前体温下降时扑杀，见有广泛性黄疸和出血，且肝、肾涂片见有大量钩端螺旋体，即可确诊。

六、防治

1.治疗

链霉素和四环素族抗生素对本病有一定疗效。链霉素按每千克体重 15～25 毫克，肌内注射，每天 2 次，连用 3～5 天；土霉素按每千克体重 10～20 毫克，肌内注射，每天 1 次，连用 3～5 天。使用大剂量青霉素也有一定疗效。钩端螺旋体多价苗，羊 1 岁以下用 2～3 毫升，1 岁以上用 3～5 毫升。

2.预防

① 严防病畜尿液污染周围环境，对污染的场地、用具、栏舍可用 1% 石炭酸或 0.5% 甲醛溶液消毒。

② 常发地区应提前预防接种钩端螺旋体菌苗或接种本病多价苗。

③ 严禁从疫区引进羊只，必要时引进的羊应隔离观察 1 个月，确认无病后才能混群。

第六节　羊炭疽病

炭疽病是由炭疽杆菌所引起的人畜共患的急性、热性、败血性传染病，各种动物均易感染。该病以脾脏急性肿大、皮下及浆膜下组织呈出血性浆液性浸润为特征。

一、病原

炭疽杆菌存在于病羊尸体各部，但以脾脏含菌量最多，血液次之。骨髓中含菌量虽少，但生存时间最长。在自然界中，炭疽杆菌多以芽孢的形态存在于被污染的土壤和水中。

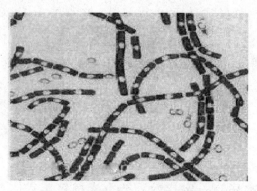

图 8-6　组织涂片中炭疽杆菌的
菌端呈竹节状（彩图）

炭疽杆菌是一种革兰阳性大杆菌，人工培养多呈长链；在动物体内呈短链，并形成荚膜。组织涂片中，菌链中相连的菌端呈竹节状，游离端钝圆（图 8-6）。炭疽杆菌能形成芽孢，芽孢位于菌体中央略偏于一端，体积不超过菌体。芽孢形成后，菌体逐渐消失，芽孢呈游离状态存在。芽孢只有在炭疽杆菌与外界空气接触后，在适宜的温、湿度条件下才能形成。

二、症状

羊发生该病多为最急性或急性经过，表现为突然倒地，全身抽搐、颤抖，磨牙，呼吸困难，体温升高到 40～42℃，黏膜蓝紫色，从眼、鼻、口腔及肛门等天然孔流出带气泡的暗红色或黑色血液，血凝不全，尸僵不全。

三、病理变化

炭疽病的主要病理变化为各脏器、组织的出血性浸润、坏死和水肿。皮肤炭疽局部呈痈样病灶，四周为凝固性坏死区，皮肤组织呈急性浆液性出血性炎症，间质水肿显著。末梢神经的敏感性因毒素作用而降低，故局部痛感不强。肺炭疽呈现出血性支气管炎、小叶性肺炎及梗死区，纵隔高度胶冻样水肿，支气管及纵隔淋巴结高度肿大，并有出血性浸润，也可累及胸膜及心包。肠炭疽的病变主要分布于小肠，肠壁呈局限性痈样病灶及弥漫性出血性浸润，病变周围肠壁有高度水肿及出血，肠系膜淋巴结肿大；腹腔内有浆液性出血性渗出液，内有大量致病菌。脑膜发生病变时，可见到硬脑膜和软脑膜均极度充血、水肿，蛛网膜下腔除广泛出血外，还有大量菌体和炎症细胞浸润。有败血症时，全身其他组织及脏器均有广泛出血性浸润、水肿及坏死，并有肝、肾浊肿及脾肿大。

四、防治

1. 治疗

① 羊发病初期，可注射抗炭疽血清，第一次注射 50 毫升，注射后 4 小时体温不退时，可再注射 25～30 毫升。

② 对亚急性病羊，可肌内注射青霉素，每次 160 万单位，每天注射 2 次，连用三天。

③ 发病率高的地区，每年应坚持给肉羊注射五号炭疽芽孢菌苗，每只皮下注射 1 毫升，可免疫 1 年。

④ 对疑似炭疽病的羊，严禁剖检、剥皮和食用。

⑤ 对羊尸体应深埋；对污染的垫草、粪便等要烧毁；对污染物可用 10％的氢氧化钠溶液、0.1％的升汞溶液、5％的碘酊或 20％～30％的漂白粉彻底消毒，以杀死炭疽芽孢。

2. 预防

① 预防接种：经常发生炭疽及受威胁地区的易感羊，每年均应用羊Ⅱ号炭疽芽孢苗皮下注射 1 毫升。

② 有炭疽病例出现时应及时隔离病羊；对污染的羊舍、用具及地面

要彻底消毒，可用 10％氢氧化钠溶液或 2％漂白粉连续消毒 3 次，间隔 1 小时，羊群除去病羊后，全群用抗菌药 3 天。

第七节　羊口蹄疫

口蹄疫是由口蹄疫病毒引起的偶蹄目动物共患的急性、热性、高度接触性传染病。其临床特征是患病动物口腔黏膜、蹄部和乳房发生水疱和溃疡，在民间俗称"口疮""蹄癀"。

一、病原

口蹄疫病毒属微 RNA 病毒科口疮病毒属。该病毒具有多型性和变异性，根据抗原的不同，可分为 O 型、A 型、C 型、亚洲 I 型、南非 I 型、南非 II 型、南非 III 型等 7 个不同的血清型和 65 个亚型，各型之间均无交叉免疫性。口蹄疫病毒具有较强的环境适应性，耐低温，不怕干燥。该病毒对酚类、酒精、氯仿等不敏感，但对日光、高温、酸碱的敏感性很强。常用的消毒剂有 1％～2％的氢氧化钠、30％的热草木灰、1％～2％的甲醛、0.2％～0.5％的过氧乙酸等。

二、流行特点

该病主要侵害偶蹄兽，如牛、羊、猪、鹿、骆驼等，其中以猪、羊最为易感，其次是绵羊、山羊和骆驼等。人也可感染此病。病畜和带毒动物是该病的主要传染源，痊愈家畜可带毒 4～12 个月。病毒在带毒畜体内可产生抗原变异，产生新的亚型。本病主要靠直接和间接接触传播，消化道和呼吸道传染是本病的主要传播途径，也可通过眼结膜、鼻黏膜、乳头及伤口感染。空气传播对本病的快速大面积流行起着十分重要的作用，常可随风散播到 50～100 千米外发病，故有顺风传播之说。

三、症状

羊感染口蹄疫病毒后一般经过 1～7 天的潜伏期出现症状。病羊体温升高，初期体温可达 40～41℃，精神沉郁，食欲减退或拒食，脉搏和呼吸加快，口腔溃疡、流涎（图 8-7），蹄、乳房等部位出现水疱、溃疡和糜烂（图 8-8）。严重病例可在咽喉、气管、前胃等黏膜上发生圆形烂斑和溃疡，上盖黑棕色痂块。绵羊蹄部症状明显，口腔黏膜变化较轻。山羊症状多见于口腔，呈弥漫性口腔黏膜炎症，水疱见于硬腭和舌面，蹄部病变较轻。病羊水疱破溃后，体温即明显下降，症状逐渐好转。

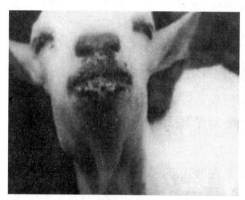
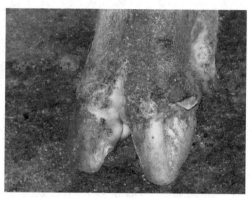

图 8-7　羊口蹄疫（一）（彩图）　　　　图 8-8　羊口蹄疫（二）（彩图）

四、病理变化

除口腔、蹄部的水疱和烂斑外，病羊消化道黏膜有出血性炎症，心肌色泽较淡，质地松软，心外膜与心内膜有弥散性及斑点状出血，心肌切面有灰白色或淡黄色、针头大小的斑点或条纹，如虎斑，称为"虎斑心"，以心内膜的病变最为显著。

五、诊断

本病根据流行病学及临床症状，不难作出诊断，但应注意与羊传染性脓包病、羊痘、蓝舌病等进行鉴别诊断，必要时可采取病羊水疱皮或水疱液、血清等送实验室进行确诊。

实验室诊断方法：采取病羊水疱皮或水疱液进行病毒分离鉴定。取得病料后，用磷酸缓冲盐溶液（PBS 缓冲液）制备混悬浸出液做乳鼠中和试验，也可用标准阳性血清做补体结合试验或微量补体结合试验；同时也可以进行定型诊断或分离鉴定，用康复期的动物血清做免疫荧光抗体试验鉴定毒型。

六、防治

1. 治疗

肌内注射口蹄心肌康，1 支/50 千克体重，每日一次，连用 5 日。对蹄部、口腔的溃烂病灶可用碘甘油进行涂抹。用参苓白术散拌料饲喂，连用 5～7 日。

2. 预防

本病发病急、传播快、危害大，必须严格搞好综合防治措施。

要严格控制畜产品的进出口，加强检疫，不从疫区引进偶蹄动物及产品；按照国家规定实施强制免疫，特别是种羊场、规模饲养场（户）必须严格按照免疫程序实施免疫。

一旦发生疫情，要立即封锁，并上报疫情。要遵照"早、快、严、小"的原则，严格执行封锁、隔离、消毒、紧急预防接种、检疫等综合扑灭措施。"早"即早发现、早扑灭，防止疫情的扩散与蔓延；"快"即快诊断、快通报、快隔离、快封锁；"严"即严要求、严对待、严处置，疫区的所有病羊和同群羊都要全部扑杀并作无害化处理；"小"即适当划小疫区，便于做到严格封锁，在小范围内消灭口蹄疫，降低损失。疫区内最后 1 头病羊扑杀后，要经一个潜伏期的观察，未再发现新病羊时，经彻底消毒，报有关单位批准后，才能解除封锁。

第八节　羊小反刍兽疫

小反刍兽疫俗称"羊瘟"，又名小反刍兽假性羊瘟、肺肠炎、口炎肺肠炎复合症，是由小反刍兽疫病毒引起的一种急性病毒性传染病，主要感染小反刍动物，以发热、口炎、腹泻、肺炎为特征。

一、分布危害

1942 年本病首次在象牙海岸发生，其后，非洲的塞内加尔、加纳、多哥、贝宁等国有本病报道，尼日利亚的绵羊和山羊中也发生了本病，并造成了重大损失。亚洲的一些国家也报道了本病，如世界动物卫生组织（OIE）曾报道，孟加拉国的山羊有本病发生，印度部分地区的绵羊中也发生了类似羊瘟的疾病，最后确诊为小反刍兽疫。1993 年，以色列第一次报道有小反刍兽疫发生，传染来源不明，为防止本病传播，以色列对其北部地区的绵羊和山羊接种了羊瘟疫苗。1992 年，约旦的绵羊和山羊中发现了本病的特异性抗体，1993 年，有 11 个农场出现临床病例，100 多只绵羊和山羊死亡。1993 年，沙特阿拉伯首次发现 133 个病例。

二、病原

小反刍兽疫病毒属副黏病毒科麻疹病毒属，与羊瘟病毒有相似的物理化学及免疫学特性。病毒呈多形性，通常为粗糙的球形。病毒颗粒较羊瘟病毒大，核衣壳为螺旋中空杆状并有特征性的亚单位，有囊膜。病毒可在胎羊的肾脏、胎羊及新生羊的睾丸细胞、Vero 细胞上增殖，并产生细胞病变，形成合胞体。

三、流行病学

本病主要感染山羊、绵羊、美国白尾鹿等小反刍动物，流行于非洲西部、中部和亚洲的部分地区。在疫区，本病为零星发生，当易感动物增加时，即可发生流行。本病主要通过直接接触传染，病畜的分泌物和排泄物是传染源，处于亚临床型的病羊尤为危险。

四、症状

小反刍兽疫潜伏期为 4～5 天，最长 21 天。自然发病仅见于山羊和绵羊。山羊发病严重，绵羊也偶有严重病例发生。一些康复山羊的唇部形成口疮样病变。感染动物临床症状与羊瘟病羊相似。急性型体温可上升至 41℃，并持续 3～5 天。感染动物烦躁不安，背毛无光，口鼻干燥，食欲减退，流黏液脓性鼻漏（图 8-9），呼出恶臭气体。在发热的前 4 天，口腔黏膜充血，颊黏膜进行性广泛性损害导致多涎，随后出现坏死性病灶，开始时口腔黏膜出现小的粗糙的红色浅表坏死病灶，以后变成粉红色，感染

图 8-9　羊小反刍兽疫（彩图）

部位包括下唇、下齿龈等处。严重病例可见坏死病灶波及齿垫、腭、颊部及其乳头、舌头等处。后期出现带血水样腹泻，严重脱水，消瘦，随之体温下降，出现咳嗽，呼吸异常。本病发病率高达 100%，在严重暴发时，死亡率为 100%；在轻度发生时，死亡率不超过 50%。幼年动物发病严重，发病率和死亡率都很高，为我国划定的一类疾病。

五、病理变化

尸体剖检病变与羊瘟病羊相似。病变从口腔直到瘤-网胃口。患羊可见结膜炎、坏死性口炎等肉眼病变，严重病例可蔓延到硬腭及咽喉部。皱胃常出现病变，而瘤胃、网胃、瓣胃很少出现病变，病变部位常出现有规则、有轮廓的糜烂，创面红色、出血。肠可见糜烂或出血，特征性出血或斑马条纹常见于大肠，特别在结肠、直肠结合处。淋巴结肿大，脾有坏死性病变。在鼻甲、喉、气管等处有出血斑。还可见支气管肺炎的典型病变。

因本病病毒对胃肠道淋巴细胞及上皮细胞具有特殊的亲和力，故能引起特征性病变。一般在感染细胞中出现嗜酸性胞浆包涵体及多核巨细胞。在淋巴组织中，小反刍兽疫病毒可引起淋巴细胞坏死。脾脏、扁桃体、淋巴结细胞被破坏。含嗜酸性胞浆包涵体的多核巨细胞出现，极少有核内包涵体。在消化系统，病毒引起马尔基层深部的上皮细胞发生坏死，感染细胞产生核固缩和核破裂，在表皮生发层形成含有嗜酸性胞浆包涵体的多核巨细胞。

六、防治

1. 治疗

用 10% 磺胺间甲氧嘧啶钠注射液和 1% 黄芪多糖注射液等量混合进行

肌内注射，每只成年羊 10 毫升，每天 1 次，重症者可每天注射 2 次，连用 5～7 天。

2. 预防

目前对本病尚无有效的治疗方法，发病初期使用抗生素和磺胺类药物可对症治疗和预防继发感染。在本病的洁净国家和地区发现病例，应严密封锁，扑杀患羊，隔离消毒。对本病的防控主要靠疫苗免疫。

（1）羊瘟弱毒疫苗　因为本病病毒与羊瘟病毒的抗原具有相关性，可用羊瘟弱毒疫苗来免疫绵羊和山羊，进行小反刍兽疫病的预防。羊瘟弱毒疫苗免疫后产生的抗羊瘟病毒抗体能够抵抗小反刍兽疫病毒的攻击，具有良好的免疫保护效果。

（2）小反刍兽疫弱毒疫苗　目前小反刍兽疫常见的弱毒疫苗为 Nigeria7511 弱毒疫苗和 Sungri/96 弱毒疫苗。该疫苗无任何副作用，能交叉保护其各个群毒株的攻击感染，但其热稳定性差。

（3）小反刍兽疫灭活疫苗　本疫苗系采用感染山羊的病理组织制备，一般采用甲醛或氯仿灭活。实践证明，甲醛灭活制备的疫苗效果不理想，而用氯仿灭活制备的疫苗效果较好。

（4）重组亚单位疫苗　麻疹病毒属的表面糖蛋白具有良好的免疫原性，无论是使用 H 蛋白还是 N 蛋白都可作为亚单位疫苗，均能刺激机体产生体液和细胞介导的免疫应答，产生的抗体能中和小反刍兽疫病毒和羊瘟病毒。

（5）嵌合体疫苗　嵌合体疫苗是用小反刍兽疫病毒的糖蛋白基因替代羊瘟病毒表面相应的糖蛋白基因而制得的疫苗。这种疫苗对小反刍兽疫病毒具有良好的免疫原性，但在免疫动物血清中不产生羊瘟病毒糖蛋白抗体。

第九节　羊蓝舌病

蓝舌病是以昆虫为传染媒介的反刍动物的一种病毒性传染病，主要发生于绵羊，其临床特征为发热、消瘦，口、鼻和胃黏膜的溃疡性炎症变化。

一、病原

蓝舌病病毒属于呼肠孤病毒科环状病毒属，为一种双股 RNA 病毒，病毒基因组由 10 个分子质量大小不一的双股 RNA 片段组成。该病毒已知的有 24 个血清型，各型之间无交互免疫力。羊肾、胎羊肾、羔羊肾、小鼠肾原代细胞和继代细胞（BHK-21）都能培养增殖并产生蚀斑或细胞病变。也可用核酸探针进行鉴定。

二、症状

该病潜伏期为 3～8 天，病初病羊体温升高达 40.5～41.5℃，稽留 5～6 天，表现厌食、委顿，落后于羊群；流涎，口唇水肿，继而蔓延到面部和耳部，甚至颈部、腹部；口腔黏膜充血，后发绀，呈青紫色。在发热几天后，口腔连同唇、齿龈、颊、舌黏膜糜烂，致使吞咽困难（图 8-10）。随着病情的发展，在溃疡损伤部位渗出血液，唾液呈红色，口腔发臭；鼻流炎性、黏性分泌物，鼻孔周围结痂，引起呼吸困难和鼾声。有时蹄冠、蹄叶发生炎症，触之敏感，呈不同程度的跛行，甚至膝行或卧地不动。病羊消瘦、衰弱，有的便秘或腹泻，有时下痢带血，早期有白细胞减少症。病程一般为 6～14 天，发病率 30%～40%，病死率 2%～3%，有时可高达 90%。患病不死的羊经 10～15 天痊愈，6～8 周后蹄部也恢复。妊娠 4～8 周的母羊遭受感染时，其分娩的羔羊中约有 20% 存在发育缺陷，如脑积水、小脑发育不足、回沟过多等。山羊的症状与绵羊相似，但一般比较轻微。

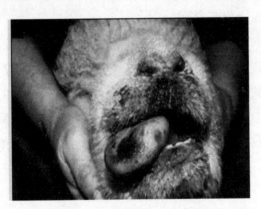

图 8-10　羊蓝舌病（彩图）

三、流行病学

本病绵羊易感，不分品种、性别和年龄，以 1 岁左右的绵羊最易感，吃奶的羔羊有一定的抵抗力。山羊的易感性较低，多为隐性感染。

病畜是本病的传染源。病愈绵羊血液能带毒达 4 个月之久，羊等带毒动物也是该病的传染源。本病主要通过库蠓传递，绵羊虱蝇也能机械传播本病。公羊感染后，其精液内带有病毒，可通过交配和人工授精传染给母羊。病毒也可通过胎盘感染胎羊。

本病的发生有严格的季节性，多发生在湿热的夏季和早秋，特别是池塘、河流较多的低洼地区。

四、病理变化

病变主要见于口腔、瘤胃、心、肌肉、皮肤和蹄部。口腔出现糜烂和深红色区，舌、齿龈、硬腭、颊黏膜和唇水肿。瘤胃有暗红色区，表面有空泡变性和坏死。真皮充血、出血和水肿。肌肉出血，肌纤维变性，有时肌间有浆液性和胶冻样浸润。呼吸道、消化道和泌尿道黏膜及心肌、心内外膜均有小点出血。严重病例，消化道黏膜有坏死和溃疡，脾脏通常肿大，肾和淋巴结轻度发炎和水肿，有时有蹄叶炎变化。

五、诊断

根据典型症状和病变可以作临床诊断。为了确诊可采取病料进行人工感染或通过鸡胚或乳鼠和乳仓鼠分离病毒，也可进行血清学诊断。血清学试验中，琼脂扩散试验、补体结合反应、免疫荧光抗体技术具有群特异性，可用于病的定性试验；中和试验具有特异性，可用来区别蓝舌病病毒的血清型。

羊蓝舌病与口蹄疫、病毒性腹泻-黏膜病、恶性卡他热、传染性鼻气管炎、水疱性口炎等有相似之处，应注意鉴别。

六、防治

1.治疗

用羊肽乐配合刀豆素混合注射，一天一次，连用 1～2 天；对妊娠母羊要每天按照治疗量注射两次；针对病程较长的羊，可以适当地配合抗生素一起分点注射。

对疑似的病羊应加强护理，避免日晒、风吹、雨淋，给予易消化饲料；用消毒剂对患部进行冲洗，同时选用适当的抗菌药预防继发感染。

2. 预防

① 蓝舌病病毒的多型性和在不同血清型之间无交互免疫性的特点，给免疫接种造成了一定的困难。如需免疫接种，应先确定当地流行的病毒血清型，选用相应血清型的疫苗，才能获得满意的免疫效果。弱毒疫苗接种后可引起不同程度的病毒血症，同时对胎羊也有影响，易导致母羊流产，运用时应加以注意。

② 严禁从有本病的国家、地区引进羊只。

③ 加强冷冻精液的管理，严禁用带毒精液进行人工授精。

④ 放牧时选用高地放牧，不在野外低湿地过夜，以减少感染机会。

⑤ 定期进行药浴、驱虫，控制和消灭本病的媒介昆虫。

⑥ 在新发生地区可进行紧急预防接种，并淘汰全部病羊。

第十节　羊沙门菌病

羊沙门菌病主要由鼠伤寒沙门菌、羊流产沙门菌、都柏沙门菌引起的羊的一种传染病。本病以羊发生下痢、孕羊流产为特征。

一、病原

羊沙门菌病包括绵羊流产和羔羊副伤寒两病。发病羔羊以急性败血症和泻痢为主。绵羊流产的病原主要是羊流产沙门菌；羔羊副伤寒的病原以都柏林沙门菌和鼠伤寒沙门菌为主。沙门菌隶属于肠杆菌科的一个属，是一种革兰阴性、较小的杆菌，一般无荚膜。

二、流行病学

本病一年四季均可发生，各种年龄的畜禽均可感染。本病以消化道感染为主，交配和其他途径也能感染；各种不良因素均可促使本病的发生。

三、症状

本病潜伏期长短不一，依动物的年龄、应激因子和侵入途径等而不同。

1.下痢型羔羊副伤寒

该病多见于15～20日龄的羔羊，病初病羔羊精神沉郁，体温升高到40～42℃，低头弓背，食欲减退或拒食，身体虚弱，憔悴，趴地不起，1～5天内死亡。大多数病羔羊出现腹痛、腹泻，排出大量灰黄色糊状粪便，并迅速出现脱水症状，眼球下陷，体力减弱（图8-11）。有的病羔羊

图8-11　羊沙门菌病
（病羊精神沉郁、眼球下陷，彩图）

出现呼吸促迫、流出黏液性鼻液、咳嗽等症状。

2.流产型副伤寒

流产多见于妊娠期最后两个月。病羊在流产前体温升高到40～41℃，厌食，精神沉郁，部分羊有腹泻症状，阴道有分泌物流出。病羊产下的活羔羊比较衰弱，不吃奶，并可有腹泻，一般于1～7天内死亡。病羊伴发肠炎、胃肠炎和败血症。

四、病理变化

下痢型羔羊副伤寒，可见病羊消瘦，真胃和肠道空虚，黏膜充血，内容物稀薄，肠系膜淋巴结肿大充血，脾脏充血，肾脏皮质部与心内外膜有小出血点。

流产型副伤寒，出现死产或初产羔羊几天内死亡，呈现败血症病变，病羊组织水肿、充血，肝脾肿大，有灰色坏死灶，胎盘水肿出血；母羊有急性子宫炎，流产或产死胎的子宫肿胀，有坏死组织、渗出物和滞留的胎盘。

五、诊断

根据流行病学、症状和病理变化可作出初步诊断，确诊须进行实验室诊断。

六、防治

① 加强饲养管理，做好消毒工作，消除传染源。

② 用土霉素或新霉素，羔羊每天 30～50 毫克/千克体重，分三次内服；成年羊每天两次，10～30 毫克/千克体重肌内或静脉注射。

第九章 —»
肉羊的主要普通病

第一节　羊瓣胃阻塞

　　瓣胃阻塞（重瓣胃秘结）是由于前胃弛缓，瓣胃收缩能力减弱，瓣胃内容物滞留，水分被吸收而干涸，致使瓣胃秘结、扩张的一种疾病。病畜瓣胃内容物停滞，各小叶间食物形成干硬的薄片，小叶坏死，故又称"百叶干"病。本病一般由于长期采食枯老的植物茎秆、多纤维的坚韧饲料及粗质的糠麸、糟粕而引起。饮水和运动不足可加重病情。更多的病例继发于前胃弛缓、产后血红蛋白尿、生产瘫痪、矿物质缺乏以及铅中毒等疾病。生前确诊困难。治疗时应先充分补液，同时投服泻剂，最好对瓣胃注射液体石蜡或硫酸钠溶液。

一、病因

　　本病多因长期饲喂大量富含粗纤维的干饲料、粉状饲料（如甘薯蔓、花生秧、豆荚、米糠、麸皮等），或混有泥沙的饲料，且饮水、运动不足或过劳等引起，特别是铡短草喂羊，为本病的病因之一。本病也常继发于创伤性网胃炎、皱胃变位、前胃弛缓、瘤胃积食、皱胃阻塞、瓣胃和皱胃与腹膜粘连、生产瘫痪等疾病。

二、症状

　　发病初期，病羊反应迟钝，前胃弛缓，食欲不定或减退，便秘，瘤胃轻度膨胀，泌乳量下降。病情进一步发展，鼻镜干燥、皲裂，排粪减少，粪便干硬、色黑、呈算盘珠样或栗子状，呼吸、脉搏增数，体温升高，精

图 9-1　羊瓣胃阻塞（彩图）

神高度沉郁（图 9-1）。最后，可因身体中毒、心力衰竭而死亡。

三、诊断

病羊初期症状与前胃弛缓相似，瘤胃蠕动力量减弱，瓣胃蠕动消失，并可继发瘤胃鼓胀和瘤胃积食。触压病羊右侧第 7～9 肋间，肩胛关节水平线上下 2 厘米时，羊表现疼痛不安。粪便干少，色泽暗黑，后期停止排粪。随着病程的延长，瓣胃小叶发炎或坏死，常可继发败血症，此时可见体温升高、呼吸和脉搏加快，全身表现衰弱，病羊卧地不能站立，最后死亡。

根据病史和临床表现（病羊不排粪便，瓣胃区敏感，瓣胃扩大、坚硬等）即可确诊。

四、防治

本病以排出胃内容物和增强前胃运动机能为治疗原则。

1. 治疗

① 瓣胃注射。在右侧第 7～9 肋间与肩关节水平线的交点，剪毛消毒，用瓣胃穿刺针略向前下方刺入 10～12 厘米。如刺入正确，可见针头随呼吸动作而微微摆动。为确保针头刺入正确，可先注射生理盐水 50 毫升，注完后立即回抽注射器，如果抽回的少量液体混有粪渣，证明已刺入瓣胃。然后将 10％硫酸钠溶液 3000 毫升、液体石蜡 500 毫升、普鲁卡因 2 克、盐酸土霉素粉 5 克混合后一次注入瓣胃。

② 投服液体石蜡 1000～2000 毫升，或植物油 500～1000 毫升，或硫酸镁（或硫酸钠）400～500 克、常水 6000～10000 毫升，一次灌服。

③ 毛果芸香碱 0.02～0.05 克，或新斯的明 0.01～0.02 克，或氨甲酰胆碱 1～2 毫克，皮下注射。但应注意，体弱的羊、妊娠母羊、心肺功能不全的病羊，忌用。

④ 活泥鳅或小黄鳝2千克，加若干水一起灌服，连用3天。

2.预防

预防本病应避免长期饲喂糠麸及混有泥沙的饲料，同时注意适当减少坚硬的粗纤维饲料。

第二节　羊急性瘤胃鼓胀

急性瘤胃鼓胀，俗称"胀死病"，是草料在瘤胃内发酵产生大量气体，致使瘤胃体积迅速增大，以瘤胃过度鼓胀并出现嗳气障碍为特征的一种疾病。本病常发生于春季和夏季。

一、病因

1.原发性瘤胃鼓胀

（1）非泡沫性鼓胀

① 主要是因采食大量水分含量较高、易发酵的饲草、饲料，如幼嫩多汁的青草或者经雨、露、霜、雪侵蚀的饲草、饲料而引起。

② 因采食了霉败饲草和饲料，如品质不良的青储饲料、发霉饲草和饲料而引起。

③ 饲喂后立即使役或使役后马上喂饮。突然更换饲草和饲料或者改变饲养方式，特别是舍饲转为放牧或由一牧场转移到另一牧场时，更容易导致急性瘤胃鼓胀的发生。

（2）泡沫性鼓胀　是由于采食了大量含蛋白质、皂苷、果胶等物质的豆科牧草，如新鲜的豌豆蔓叶、苜蓿、草木犀、红三叶、紫云英、豆面等，或者饲喂多量的谷物性饲料，如玉米粉、小麦粉等也能引起泡沫性鼓胀。

2.继发性瘤胃鼓胀

继发性瘤胃鼓胀常继发于食管阻塞、前胃弛缓、创伤性网胃炎、瓣胃与真胃阻塞、发烧性疾病等。

二、症状

病羊站立不起，背拱起，头常弯向腹部，不久腹部迅速胀大，左侧更为明显，皮肤紧张，叩之如鼓；呼吸困难，张口伸舌，表现非常痛苦。鼓胀严重时，病羊的结膜及其他可视黏膜呈紫红色，食欲废绝，反刍停止，脉搏快而弱，间有嗳气或食物反流现象，有时直肠脱出。

三、诊断

① 左腹部急剧鼓胀是本病的特征性症状，严重时可高出脊背。

② 腹壁紧张，触诊有弹性，叩诊呈鼓音，瘤胃蠕动初强后弱，甚至完全消失。

③ 病羊疼痛不安，有时回顾腹部，后肢踢腹，甚至起卧不安。

④ 体温正常，呼吸浅快，有时张口伸舌作喘。脉搏快而弱，静脉怒张，黏膜发绀。后期出汗，运动失调，倒地呻吟而死。

⑤ 泡沫性瘤胃鼓胀多是吃了豆草豆料后引起，腹胀加快，症状严重，触诊瘤胃高度充满，有坚实感，上下一致。在短时间内引起羊窒息死亡。

⑥ 食道阻塞继发的瘤胃鼓胀，常见于吞咽未嚼碎的马铃薯或萝卜阻于食道后使嗳气停止而发生。病羊有流涎、嗳气停止等食道阻塞症状。

⑦ 慢性瘤胃鼓胀常呈周期性中等程度的鼓胀，时好时坏，食后经常发生，病羊逐渐消瘦，因本病多系其他疾病继发，故还有原发病症状。

四、防治

1. 治疗

① 羊用清油 50～60 毫升、草木灰 5～10 克加水灌服。或松节油 50～150 毫升（加水 500 毫升）灌服对泡沫性和非泡沫性急性瘤胃鼓胀均有效。

② 消气灵 10～20 毫升，加水 500 毫升灌服，5～30 分钟内见效，一次治愈率达 90％以上。

③ 对鼓胀严重而有窒息危险的病例，应迅速进行瘤胃穿刺放气术。方法是在左侧肷窝正中稍上处剪毛消毒后，先于术部做一长约 2 厘米的切口，切透皮肤，然后用套管针于皮肤切口内向对侧肘头方向刺入胃内，抽出针芯后，气体即可逸出。

④ 对泡沫性鼓胀内服羊用清油、松节油、消气灵等无效的病例，或情况危急来不及投药的病例，应迅速进行简易瘤胃切开术。

2.预防

加强饲养管理，禁止饲喂霉败饲料，尽量少喂堆积发酵或被雨露浸湿的青草。在饲喂易发酵的青绿饲料时，应先饲喂干草，然后再饲喂青绿饲料。由舍饲转为放牧时，最初几天要先喂一些干草后再出牧，并且还应限制放牧时间及采食量。不让羊进入到萝卜地、洋芋地、苜蓿地暴食幼嫩多汁植物。舍饲育肥羊，应该在全价日粮中至少含有 10%～15% 的粗饲料。

第三节　羊前胃弛缓

羊前胃弛缓是由各种病因导致前胃神经兴奋性降低，肌肉收缩力减弱，瘤胃内容物运转缓慢，微生物区系失调，产生大量发酵和腐败的物质，引起消化障碍，食欲减退、反刍减少，乃至全身机能紊乱的一种疾病。本病的特征是食欲减退，前胃蠕动减弱，反刍、嗳气减少或废绝。

一、病因

1.原发性前胃弛缓

（1）引起神经兴奋性降低的因素

① 长期饲喂粉状饲料或精饲料等体积小的饲料，使内容物对瘤胃刺激较小。

② 长期饲喂单一或不易消化的粗饲料，如麦糠、秕壳、半干的甘薯藤、紫云英、豆秸等。

③ 突然改变饲养方式，饲料突变，频繁更换饲养员和调换圈舍。

④ 矿物质和维生素缺乏，特别是缺钙时，血钙水平低，致使神经-体液调节机能紊乱，引起单纯性消化不良。

⑤ 天气突然变化等情况。

⑥ 长期重度使役或长时间使役、劳役与休闲不均等。

⑦ 采食了有毒植物如醉马草、毒芹等。

（2）引起纤毛虫活性和数量改变的因素

① 长期大量服用抗菌药物。

② 长期饲喂营养价值不全的饲料等。

③ 长期饲喂变质或冰冻饲料。

2.应激因素的影响

应激因素在本病的发生上起重要作用，如严寒、酷暑、饥饿、疲劳、分娩、断乳、离群、恐惧等。

3.继发性前胃弛缓

继发性前胃弛缓常继发于热性病、疼痛性疾病及多种传染病、寄生虫病和某些代谢病（骨软症、酮病等）过程中，以及瓣胃与真胃阻塞、真胃炎、真胃溃疡、创伤性网胃炎-腹膜炎、胎衣不下、误食胎衣、中毒性疾病过程中。

二、症状

前胃弛缓按其病情发展过程，可分为急性型和慢性型两种类型。

（1）急性型　病羊食欲减退或废绝，反刍减少、短促、无力，时而嗳气并带酸臭味，泌乳量下降，体温、呼吸、脉搏一般无明显异常。瘤胃蠕动音减弱，蠕动次数减少，有的病羊虽然瘤胃蠕动次数不减少，但瘤胃蠕动音减弱、每次蠕动的持续时间缩短，瓣胃蠕动音减弱。触诊瘤胃，其内容物黏硬或呈粥状。病初粪便变化不大，随后粪便变为干硬、色暗，被覆黏液。如果伴发前胃炎或酸中毒，病情会急剧恶化，病羊呻吟、磨牙、食欲废绝，反刍停止，排棕褐色糊状恶臭粪便，精神沉郁，黏膜发绀，体温下降，脉搏增快，呼吸困难，鼻镜干燥，眼窝凹陷。

（2）慢性型　通常由急性型前胃弛缓转变而来。病羊食欲不定，有时减退或废绝，常常虚嚼、磨牙，发生异嗜，舔砖、吃土或采食被粪尿污染的褥草、污物，反刍不规则，短促、无力或停止，羊呼出的气体带臭味。病情弛张，时而好转，时而恶化，病羊日渐消瘦，被毛干枯、无光泽，皮肤干燥、弹性减退，精神不振，体质虚弱，瘤胃蠕动音减弱或消失，内容物黏硬或稀软，瘤胃轻度鼓胀。多数病例网胃与瓣胃蠕动音微弱，腹部听诊，肠蠕动音微弱，病羊便秘，粪便干硬，呈暗褐色，覆有黏液，有时腹泻，粪便呈糊状、腥臭，或者腹泻与便秘互相交替。老龄羊病重时，呈现贫血与衰竭，常有死亡。

三、诊断

① 采食、饮水突然减少或废绝，有的出现异嗜，反刍减少或停止，嗳气增多并带酸臭味。

② 奶山羊泌乳量下降，体温、呼吸、脉搏一般无明显异常。

③ 瘤胃蠕动音减弱，蠕动次数减少。

④ 触诊瘤胃，其内容物坚硬或呈粥状。病初粪便变化不大，随后粪便变为干硬、色暗，被覆黏液。

⑤ 如果伴发前胃炎或酸中毒，病情会急剧恶化，病羊呻吟、磨牙，食欲废绝，反刍停止，排棕褐色糊状恶臭粪便；精神沉郁，黏膜发绀，皮温不均，体温下降，脉搏增快，呼吸困难，鼻镜干燥，眼窝凹陷。

⑥ 慢性前胃弛缓多是继发性的。病羊食欲不定，发生异嗜；反刍不规则，短促、无力或停止，嗳气减少。病情时好时坏，病羊日渐消瘦，被毛干枯、无光泽，皮肤干燥、弹性变差，精神不振，体质虚弱，瘤胃蠕动音减弱或消失，内容物黏硬或稀软，瘤胃轻度鼓胀。

四、防治

1. 治疗

① 病初绝食1~2天，保证充足的清洁饮水，以后给予适量的易消化的青草或优质干草。轻症病例可在1~3天内自愈。

② 缓泻，可用硫酸钠（或硫酸镁）100~200克、液体石蜡100~200毫升或植物油100~200毫升，灌服。

③ 止酵，大蒜头100~150克或大蒜配白酒20~30毫升，加水灌服；松节油5~10毫升，一次内服。

④ 促进前胃蠕动，促反刍液50毫升，氯化钙溶液5~10毫升，10%氯化钠注射液5~10毫升，一次静脉注射，每日1次。30%安乃近（新促反刍液）静脉注射则疗效更好。

⑤ 酵母粉100克，红糖50克，95%酒精或龙胆酊、陈皮酊10~20毫升，加常水适量混合均匀，1次内服，也有助于恢复正常微生物状态。

⑥ 对症疗法，继发性鼓胀的病羊，可用食用油200毫升、大蒜头100

克（捣碎用水调服）、食醋 200 毫升，加水适量灌服。当病羊呈现轻度脱水和自体中毒时，可使用 10% 葡萄糖注射液 500 毫升，40% 乌洛托品注射液 20~50 毫升，静脉注射；或静脉注射 5% 碳酸氢钠溶液 500~1000 毫升。重症病例应先强心、补液，再洗胃。

⑦ 止痛与调节神经机能疗法，对于一些病久的或重症病例来讲，可静脉注射 0.25% 盐酸普鲁卡因注射液 10~20 毫升，也可以肌内注射盐酸异丙嗪 50~100 毫克或 30% 安乃近 10~20 毫升或安痛定 20 毫升。

2. 预防

本病的预防主要是改善饲养管理，注意饲料的选择、保管，防止霉败变质；不可任意增加饲料用量或突然变更饲料种类；应注意适当运动；避免不利因素刺激和干扰，尽量减少各种应激因素的影响。

第四节　羊瘤胃积食

瘤胃积食又名瘤胃阻塞、急性瘤胃扩张，是反刍动物贪食大量粗纤维饲料或容易膨胀的饲料而引起瘤胃扩张、瘤胃容积增大、内容物停滞和阻塞以及整个前胃机能障碍形成脱水和毒血症的一种严重疾病。

本病舍饲羊多发，引发本病的因素主要有两类：一是机械性阻塞，多由食用大量富含粗纤维的植物茎秆，如山芋藤、豆秸等而引起；二是饲料突变、运动及饮水不足。严重病例宜做瘤胃切开术，对酸中毒和脱水可适当采取对症疗法。

一、病因

过度采食粗饲料是引起瘤胃积食的主要原因，如羊因处于饥饿状态而暴食、贪食是急性病例的重要原因。过食大量富含粗纤维的饲料，例如秋季过食枯老的甘薯藤、黄豆秸、花生秸等植物，缺乏饮水或吃食质量低劣的粗饲料而缺少精料或优质干草，伴有异嗜现象的成年母羊吃食污秽物、木材、骨头、粪便、垫草、羊场上的煤渣、塑料制品及产后吞食胎衣都可造成瘤胃完全阻塞或不全阻塞。

二、症状

瘤胃积食大部分症状与单纯性消化不良相似，多表现为初期有轻度腹痛症状，病羊反复蹲下起来，几小时后消失，常不被饲养人员发现，之后腹围明显增大，且是两侧都增大，瘤胃触诊坚实，内容物上有气体盖着，排粪减少到停止，如不投服大量泻盐或转为肠炎，不会发生腹泻。如时间拖长，可转为中毒性瘤胃炎和肠炎。中毒性瘤胃炎的特征是瘤胃内容物呈稠的糊状，恶臭，弱酸性。拉舌或投胃管，可诱使这样的内容物向口腔反流。直肠检查可感到瘤胃腹囊后移到盆腔入口前缘，背囊向右上方靠，手指压迫坚实如沙袋，病羊表现退让或发出哼声，呼吸浅表、增数，心率加快，体温正常，但精神沉郁，有一定的脱水现象，如一周内不见好转，大多数死亡。

三、诊断

根据积食的病史和症状，诊断不困难，注意和前胃弛缓相区别：积食是病的直接原因，而弛缓是积食未能及时消除而继发。两者同时存在，这在病史中必须考虑并加以区别。

四、防治

应加强饲养管理，防止过食，避免突然更换饲料，粗饲料要适当加工软化后再喂。治疗原则：应及时清除出瘤胃内容物，恢复瘤胃蠕动，解除酸中毒。

1. 按摩疗法

在羊的左肷部用手掌按摩瘤胃，每次 5～10 分钟，每隔 30 分钟按摩一次。结合灌服大量的温水，则效果更好。

2. 腹泻疗法

硫酸镁或硫酸钠 500～800 克，加水 1000 毫升；液体石蜡或植物油 1000～1500 毫升，给羊灌服，加速排出瘤胃内容物。

3. 促蠕动疗法

可用兴奋瘤胃蠕动的药物，如 10％氯化钠 300～500 毫升，静脉注射，同时用新斯的明 20～60 毫升，肌内注射能收到好的治疗效果。

4.洗胃疗法

用直径 4～5 厘米、长 250～300 厘米的胶管或塑料管一条，经羊口腔导入瘤胃内，然后来回抽动，以刺激瘤胃收缩，使瘤胃内液状物经导管流出。若瘤胃内容物不能自动流出，可在导管另一端连接漏斗，向瘤胃内注温水 3000～4000 毫升，待漏斗内液体全部流入导管内时，取下漏斗并放低羊头和导管，用虹吸法将瘤胃内容物引出体外。如此反复，即可将内容物洗出。病羊饮食欲废绝、脱水明显时，应静脉补液，同时补碱，如 25％的葡萄糖注射液 500～1000 毫升，复方氯化钠注射液或 5％糖盐水 3000～4000 毫升，5％碳酸氢钠注射液 500～1000 毫升等，一次静脉注射。

5.切开瘤胃疗法

重症而顽固的积食，应用药物不见效果时，可施行瘤胃切开术，取出瘤胃内容物。

第五节　羊皱胃阻塞

皱胃阻塞又称皱胃积食，是由于迷走神经调节机能紊乱或受损，导致皱胃弛缓、内容物滞留、胃壁扩张而形成阻塞的一种疾病。

一、病因

原发性皱胃阻塞是由于饲养管理不当而引起，特别是在冬春季缺乏青绿饲料，用谷草、麦秸、玉米秆、高粱秆或稻草铡碎喂羊，常引起发病。每当农忙季节，因饲喂麦糠、豆秸、甘薯蔓、花生蔓或其他秸秆，同时添加磨碎的谷物精料，并因饲养失调、饮水不足、劳役过度和精神紧张，也常常发生皱胃阻塞。此外由于消化机能和代谢机能紊乱，发生异嗜，病羊舔食砂石、水泥、毛球、麻线、破布、木屑、刨花、塑料薄膜甚至食入胎盘而引起机械性皱胃阻塞。

继发性皱胃阻塞，常继发于前胃弛缓、创伤性网胃腹膜炎、皱胃溃疡、皱胃炎等。

二、发病机理

在迷走神经机能紊乱或受损伤的情况下，当受饲养管理等不良因素的影响时，即反射性地引起幽门痉挛、皱胃壁弛缓和扩张，或者因皱胃炎、皱胃溃疡、幽门部狭窄、胃肠道运动障碍，则从前胃陆续运转进入皱胃的内容物大量积聚，形成阻塞，继而导致瓣胃秘结，更加促进了病情的发展。由于皱胃阻塞，氯离子和氯化物不断被分泌进入皱胃，致使皱胃弛缓、碱中毒和低氯血症一起发生。液体不能通过阻塞的皱胃进入小肠而被吸收，因而发生不同程度的脱水。皱胃中钾离子聚集导致低钾血症。正因为如此，前胃机能受到反射性的抑制，消化障碍，食欲废绝、反刍停止，呈现迷走神经消化不良的部分综合征。瘤胃内微生物区系急剧变化，内容物腐败过程加剧，产生大量的刺激性有毒物质，引起瘤胃和网胃黏膜组织炎性浸润，渗透性增强，瘤胃内大量积液，全身机能状态显著恶化，发生严重的脱水和自体中毒。

三、症状

病的初期，病羊食欲减退、反刍减少、短促或停止，有的病羊则喜饮水；瘤胃蠕动音减弱，瓣胃音低沉，腹围无明显异常；尿量减少，粪便干燥。

随着病情的发展，病羊精神沉郁，被毛逆立，鼻镜干燥或干裂，但体温通常正常；食欲废绝，反刍停止，腹围显著增大，瘤胃内容物充满或积有大量液体，瘤胃音与瓣胃音消失，肠音微弱；常常呈现排便姿势，有时排出少量糊状、棕褐色的恶臭粪便，混杂少量黏液或紫黑色血丝和血凝块；尿量少而浓稠，呈黄色或深黄色，具有强烈的臭味。

当瘤胃大量积液时，冲击式触诊，呈现振水音。在左肷部听诊，同时以手指轻轻叩击左侧倒数第一至第五肋骨或右侧倒数第一、第二肋骨，即可听到类似叩击钢管的铿锵音。

重度的病例，右侧中腹部到后下方呈局限性膨隆，在肋骨弓的后下方皱胃区作冲击式触诊，有蹴踢、躲闪或抵角等敏感表现，同时触感到皱胃体显著扩张而坚硬，特别是继发于创伤性腹膜炎的病例，由于腹腔器官粘连，皱胃位置固定，更为明显。

直肠检查：直肠内有少量粪便和成团的黏液，混有坏死黏膜组织。体型较小的羊，手伸入骨盆腔前缘右前方，瘤胃的右侧，于中下腹区能摸到向后伸展扩张呈捏粉样硬度的部分皱胃体。对体型较大的羊，直肠内不易触诊，因此必要时可以进行剖腹探查。

实验室检查：皱胃液 pH 值为 1～4，瘤胃液 pH 值多为 7～9，纤毛虫数减少，活力降低；血清氯化物含量降低，平均为 3.88 克/升（正常为 5.96 克/升），血浆 CO_2 结合力升高，平均为 682 毫升/升（正常为 514 毫升/升）。

四、病理变化

皱胃极度扩张，体积显著增大甚至超过正常的两倍，皱胃被干燥的内容物阻塞。局部缺血的部分，胃壁菲薄，容易撕裂。皱胃黏膜炎性浸润、坏死、脱落；有的病例幽门区和胃底部有散在的出血斑点或溃疡。

瓣胃体积增大，内容物黏硬，瓣叶坏死，黏膜大面积脱落。由肠秘结继发的病例，则表现瓣胃空虚；瘤胃通常膨大，且被干燥内容物或液体充满。

五、诊断

根据右腹部皱胃区局限性膨隆，在左肷部结合叩诊肋骨弓进行听诊，呈现类似叩击钢管的铿锵音，以及皱胃穿刺测定其内容物的 pH 值为 1～4，即可确诊。但须与前胃疾病、皱胃变位、肠变位等疾病进行鉴别。

六、防治

1.治疗

治疗原则是消积化滞，防腐止酵，缓解幽门痉挛，促进皱胃内容物排除，防止脱水和自体中毒，增进治疗效果。

病的初期，可用硫酸钠 300～400 克、液体石蜡（或植物油）500～1000 毫升、鱼石脂 20 克、酒精 50 毫升、常水 6～10 升，一次服用，连续用药 3～5 天。皱胃注射 25％硫酸钠溶液 500～1000 毫升、乳酸 8～15 毫升或皱胃注射生理盐水 1500～2000 毫升，注射部位为右腹部皱胃区第 12～13 肋骨后下缘。

在病程中，为了改善中枢神经系统的调节作用，提高胃肠机能，增强心脏活动，可应用 10％氯化钠溶液 200～300 毫升，静脉注射。当发生自体中毒时，可用撒乌安注射液 100～200 毫升或樟脑酒精注射液 200～300 毫升，静脉注射。发生脱水时，应根据脱水程度和性质进行输液，通常应用 5％葡萄糖生理盐水 2000～4000 毫升，40％乌洛托品注射液 30～40 毫升，静脉注射。用 10％维生素 C 注射液 30 毫升，肌内注射。此外可适当地应用抗生素或磺胺类药物，防止继发感染。

由于皱胃阻塞多继发瓣胃秘结，药物治疗效果不好。因此，在确诊后，要及时施行瘤胃切开术，取出瘤胃内容物，然后用胃管插入网-瓣孔，通过胃管灌注温生理盐水，冲洗皱胃，减轻胃壁的压力，以改善胃壁的血液循环，恢复运动与分泌机能，达到疏通的目的。

中兽医治疗：以宽中理气、消坚破满、通便下泻为主。早期病例可用加味大承气汤，或大黄、郁李仁各 120 克，牡丹皮、川楝子、桃仁、白芍、蒲公英、金银花各 100 克，当归 160 克，一次煎服，连服 3～4 剂。如积食过多，可加川朴 80 克、朴实 140 克、莱菔子 140 克、生姜 150 克。

2. 预防

加强饲养管理，按合理的日粮饲喂，特别是应注意粗饲料和精料的调配，饲草不能铡得过短，精料不能粉碎过细；注意清除饲料中的异物，防止发生创伤性网胃炎，避免损伤迷走神经。

第十章 ——≫
肉羊的寄生虫病

第一节　羊肝片吸虫病

肝片吸虫病是一种严重危害羊、牛等反刍动物的蠕虫病，又称肝蛭病。其虫体片形呈棕红色，长 20～75 毫米，宽 10～13 毫米（图 10-1），寄生于羊的肝脏胆管中，可引起羊消瘦、贫血、水肿、生长发育迟缓，发生功能障碍，常造成羊大批死亡。羊肝片吸虫病多发生在夏、秋雨季，但由于此时羊营养状况良

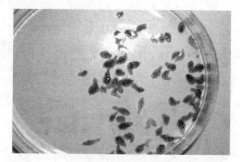

图 10-1　羊肝片吸虫虫体片形呈棕红色
（彩色）

好，所以通常不见症状表现。进入冬季以后，特别是春季羊营养状况不良时，临床症状便很快表现出来。

一、流行特点

该病多发生在夏、秋两季，6～9 月份为高发季节。羊吃了附着有囊蚴（虫卵→毛蚴→钻入椎实螺体内→胞蚴→雷蚴→尾蚴→从螺体逸出→囊蚴）的水草而感染，各种年龄、性别、品种的羊均能感染，导致纤维素性肝被膜炎（图 10-2），且

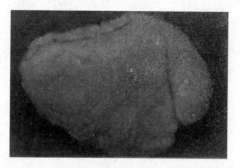

图 10-2　囊蚴导致的纤维素性肝被膜炎
（彩图）

羔羊和绵羊的病死率高。本病常呈地方性流行，在低洼和沼泽地带放牧的羊群发病较严重。

二、症状

病羊精神沉郁，食欲不佳，可视黏膜极度苍白，黄疸，贫血；机体逐渐消瘦，被毛粗乱，毛干易断，肋骨突出，眼睑、颌下、胸腹下部水肿。放牧时有的吃土，便秘与腹泻交替发生，拉出黑褐色稀粪，有的带血。病情严重的，一般经 1～2 个月，因病情恶化而死亡，病情较轻的，拖延到次年天气回暖，饲料改善后逐渐恢复。

三、诊断

① 白细胞及嗜酸性粒细胞增多，贫血常见，血沉较快。

② 肝功能异常，谷丙转氨酶（ALT）、谷草转氨酶（AST）活力增强，白蛋白含量降低，球蛋白含量增高，胆红素含量增高。

③ 免疫球蛋白 IgG、IgM、IgE 含量升高，IgA 含量正常。

④ 虫卵检查：可从粪便或十二指肠液中用涂片法、漂浮法、沉淀法、汞碘醛浓集法等检查虫卵。

⑤ 肝穿刺活检或腹腔镜活检可找到虫卵肉芽肿或成虫切面。

⑥ 免疫学试验：可用补体结合试验、免疫荧光试验、对流免疫电泳、酶联免疫吸附试验及间接血凝试验等。

⑦ 其他检查：腹水为渗出液，白细胞数增加，嗜酸性粒细胞含量明显增高；肺部 X 线摄片可发现肺部浸润；肝脏超声波检查，可见"假性肝肿瘤物"；胆道造影有时可发现肝片吸虫的阴影。

四、防治

1. 治疗

① 按内科常规护理。

② 如有肝硬化腹水，需按肝硬化常规治疗。

③ 杀虫治疗。

a. 硫双二氯酚（别丁）：该药为首选药物，常用剂量为 50 毫克/（千克·天），分 3 次服用，隔日服用，15 个治疗日为 1 疗程。

b.依米丁（吐根碱）：1 毫克/（千克·天），肌内或皮下注射，1 次/天，10 天为 1 疗程，对消除感染、减轻症状有效，但可引起心、肝、胃肠道及神经肌肉的毒性反应，需在严格的医学监督下使用，每次用药前检查腱反射、血压、心电图。

c.三氯苯达唑：12 毫克/千克体重，顿服；或第一天 5 毫克/千克体重，第二天 7 毫克/千克体重，顿服。可能出现继发性胆管炎，可用抗生素治疗。

2.预防

（1）药物驱虫　肝片吸虫病的传播主要是源于病羊和带虫者，因此驱虫不仅是治疗措施，也是积极的预防措施，关键在于驱虫的时间与次数。急性病例一般在 9 月下旬幼虫期驱虫，慢性病例一般在 10 月成虫期驱虫。所有羊只每年在 2～3 月份和 10～11 月份应有两次定期驱虫：10～11 月份驱虫是保护羊只过冬，并预防羊冬季发病；2～3 月份驱虫是预防羊在夏秋放牧时散播病源。最理想的驱虫药物是硝氯酚，每千克体重用药 3～5 毫克，空腹 1 次灌服，每天 1 次，连用 3 天。另外，还有肝蛭净、蛭得净、丙硫咪唑、硫双二氯酚等药物，可选择服用。

（2）粪便处理　圈舍内的粪便，每天清除后进行堆积发酵处理，利用粪便发酵产热而杀死虫卵。对驱虫后排出的粪便，要严格管理，不能乱丢，集中起来进行堆积发酵处理，防止其污染羊舍和草场及再感染发病。

（3）预防　①选择高燥地区放牧，不到沼泽、低洼潮湿地带放牧。②实行轮牧。轮牧是防止肝片吸虫病传播的重要方法。把草场用网围栏、河流、小溪、灌木、沟壑等分成几个小区，每个小区放牧 30～40 天，并按一定的顺序一区一区地放牧，周而复始地轮回放牧，以减少肝片吸虫病的感染机会。③放牧与舍饲相结合。在冬季和初春，气候寒冷，牧草干枯，大多数羊消瘦、体弱，抵抗力差，这时是肝片吸虫病患羊死亡数量最多的时期，因此在这一时期，应由放牧转为舍饲，加强饲养管理，以此来增强羊只的抵抗力，降低其死亡率。

（4）饮水卫生　在发病地区，尽量使羊饮自来水、井水或流动的河水等清洁的水，不要到低湿、沼泽地带去饮水。

（5）消灭中间宿主　消灭中间宿主椎实螺是预防肝片吸虫病的重要措施。在放牧地区，通过兴修水利、填平改造低洼沼泽地来改变椎实螺的生活条件，达到灭螺的目的。据资料报道，在放牧地区大群养鸭，既能消灭椎实螺，又能促进养鸭业的发展，是一举两得的好事。

（6）患病脏器的处理　不能将有虫体的肝脏乱弃或在河水中清洗，或把洗肝脏的水到处乱泼，而使病原人为地扩散，对有严重病变的肝脏应立即作深埋或焚烧等销毁处理。

第二节　羊矛形双腔吸虫病

羊矛形双腔吸虫病是由双腔科、双腔属的矛形双腔吸虫和中华双腔吸虫寄生于羊肝胆管中引起的疾病。也有人感染的报道。本病分布广泛，在我国主要分布在东北、华北、西北、西南等地区。辽宁省广泛存在矛形双腔吸虫病，对个别地区绒山羊的调查结果表明，该病感染率在80%以上，而中华双腔吸虫病感染相对较少。

一、发病机制

矛形双腔吸虫虫体扁平，半透明，外观呈矛形，新鲜虫体呈棕褐色，固定后变为灰白色。虫体长5～15毫米、宽1.5～2.5毫米。口吸盘位于虫体前端，腹吸盘位于口吸盘稍后方，二者相距不远，腹吸盘大于口吸盘。睾丸两个，近似圆形，稍有分叶，前后斜列于腹吸盘之后。卵巢呈圆形或不规则形状，位于睾丸之后，卵黄腺呈细小的颗粒状，位于虫体中部两侧。子宫弯曲，充满虫体的后部。

二、生活史

矛形双腔吸虫在发育过程中，需要两个中间宿主参加——中间宿主是陆地螺，补充宿主是蚂蚁。成虫在肝胆管和胆囊中产卵，虫卵随胆汁进入肠道，然后随粪便排出体外，排出的成熟虫卵内已含有发育好的毛蚴。虫卵被中间宿主吞食后，毛蚴破卵壳而出，经胞蚴、子胞蚴阶段后发育为尾蚴。尾蚴离开螺体，黏附于植物叶上或其他物体上，被补充宿主吞食，在补充宿主体内发育为囊蚴。羊吃草时，将含有囊蚴的蚂蚁一起吞食而感染。囊蚴沿十二指肠、胆管逆行进入肝脏发育为成虫。

三、临床表现

① 1 岁以上羊多发，春天多发，放牧羊多发。

② 羊在夏季反复感染矛形双腔吸虫，虫体在羊体内由少聚多，由小到大，对羊产生机械性刺激作用，并夺取机体的营养，毒素作用逐渐增强。

③ 病羊表现出慢性消耗性疾病的临床症状，表现为精神沉郁、食欲不振、渐进性消瘦、溶血性贫血、下颌水肿、轻度结膜黄染、消化不良、拉稀、腹胀、喜卧等。一般感染少量虫体时，症状不明显，但在冬春季即使是少量的虫体也能出现严重的症状。

四、剖检变化

具有特征性病变的脏器主要是肝脏。肝脏颜色变为淡黄色或出现水肿，表面粗糙，胆管显露，特别是在肝脏的边缘部更明显。胆管扩张，内皮细胞易脱落，黏膜面出现出血点或溃疡斑，管壁增生、增厚。胆囊和胆管内有大量虫体。

五、防治

根据流行病学资料、症状、剖检变化，结合沉淀法检查粪便虫卵来综合诊断。

1.治疗

血防-846（六氯对二甲苯），每千克体重 200 毫克，一次口服；丙硫苯咪唑，剂量要大，每千克体重 30～40 毫克，口服。

2.预防

进行定期驱虫，一般在初冬和春季各进行一次，驱虫后的粪便要集中发酵处理。选择高而且干燥的草地放牧，以减少感染。

第三节　羊胰阔盘吸虫病

胰阔盘吸虫病是由阔盘吸虫寄生在宿主胰管中，以引起营养性障碍和贫血为主的吸虫病。其特征性症状是下痢、贫血、消瘦、水肿等，严重时可引起死亡。阔盘吸虫属世界性分布，我国的东北、西北牧区及南方各地都有本病流行。

一、病原

阔盘吸虫在我国报道的有 3 种，即胰阔盘吸虫、腔阔盘吸虫和枝睾阔盘吸虫，均属双腔科阔盘属。

（1）胰阔盘吸虫　虫体较大，呈长椭圆形，口吸盘大于腹吸盘，睾丸并列在腹吸盘后缘两侧，呈圆形，边缘有缺刻或有一小分叶，卵巢分叶 3～6 瓣。

（2）腔阔盘吸虫　虫体较小，呈短椭圆形，体后端中央有明显的尾突，口吸盘小于或等于腹吸盘。睾丸大多为圆形或椭圆形，少数有不整齐的缺刻。卵巢大多为圆形整块，少数有缺刻或分叶。

（3）枝睾阔盘吸虫　虫体是三种阔盘吸虫中最小的，体形呈前尖后钝的瓜子形，口吸盘明显小于腹吸盘，睾丸较大而分枝，卵巢有 5～6 个分叶。

阔盘吸虫的虫卵大小为（34～52）微米×（26～34）微米，呈棕色椭圆形，两侧稍不对称，一端有卵盖。成熟的卵内含有毛蚴，透过卵壳可以看到其前端有一条锥刺，后部有两个圆形的排泄泡，在锥刺的后方有一横椭圆形的神经团。

生活史：阔盘吸虫的生活史要经过虫卵、毛蚴、母胞蚴、子胞蚴、尾蚴、囊蚴（后尾蚴）、童虫及成虫各个阶段。成虫寄生在宿主的胰管中，虫卵随胰液到消化道后随粪便排出。虫卵被陆地蜗牛吞食后，在蜗牛靠近内脏团的上段肠管中孵出毛蚴。毛蚴穿过肠壁到肠周结缔组织中发育形成母胞蚴，后产生子胞蚴和尾蚴。包裹着尾蚴的成熟子胞蚴离开原来母胞蚴着生的部位上行到蜗牛的气室，经呼吸孔排出到外界。从蜗牛吞食虫卵到排出成熟子胞蚴（内含百余个短球尾型尾蚴），在 25～32℃ 条件下约需 5～6 个月。成熟子胞蚴被第二中间宿主草螽或针蟀吞食，其内的尾蚴便在体内脱去球尾，穿过胃壁到达血腔中形成囊蚴。山羊等动物吃草时吞食含有成熟囊蚴的草螽或针蟀而感染，特别在深秋季节，昆虫类的活跃能力降低时更易被羊只吞食。当囊蚴到达十二指肠，由于胰酶的作用，囊壁溶解，童虫逸出，并进入胰管中发育为成虫。阔盘吸虫的整个发育时期较长，毛蚴进入蜗牛体内到成熟的子胞蚴排出需半年至一年时间；童虫进入终末宿主胰管中至发育为成虫约需 100 天时间。故阔盘吸虫整个生活史共需 10～16 个月才能完成。

二、流行病学

流行的地区及受感染的情况，均与本类吸虫两个中间宿主的分布、滋生栖息地点及放牧习惯等密切相关。国内各地都有蜗牛存在，但草螽和针蟀就不一定普遍存在，尤其针蟀只局限分布在一些山区林带。有针蟀分布的地方，当其数量达到足以充当传播媒介作用的程度时，这种地方才有枝睾阔盘吸虫病流行。没有草螽滋生栖息的地方，也就没有胰阔盘吸虫感染。蜗牛的滋生栖息地受自然地理生态环境条件的影响很大。所以该病只有在适宜的季节（一般在夏、秋季），贝类宿主（蜗牛）、昆虫宿主（草螽或针蟀）及羊、牛等易感动物三者联系在一起的时候，才能引起流行。在南方，本病的感染高峰期主要在 5～6 月及 9～10 月；而在北方，本病的感染高峰期只在 9～10 月。

三、临床症状

阔盘吸虫成虫寄生在终末宿主的胰管中，由于机械性刺激、堵塞、代谢产物的作用以及营养的夺取等，引起胰脏的病理变化及机能障碍。胰管高度扩张，管上皮细胞增生，管壁增厚，管腔缩小，黏膜不平呈小结节状，也有出血、溃疡、炎性细胞浸润，黏膜上皮被破坏，发生渐进性坏死变化。整个胰脏结缔组织增生，呈慢性增生性胰腺炎，从而使胰腺小叶及胰岛的结构发生变化，胰液和胰岛素的生成、分泌发生改变，机能紊乱。

病羊全身出现营养不良、消瘦、贫血、水肿、腹泻、生长发育受阻等症状，严重的造成死亡。

四、诊断

用水洗沉淀法进行粪便检查，一般难以检出虫卵，最好结合尸体剖检检查胰脏病变和计数虫体数量，便能作出正确诊断。剖检可见胰脏肿大，表面粗糙不平，色泽不匀，有小出血点，胰管壁发炎肥厚，黏膜可呈乳头状小结节，甚至息肉状增生并有点状出血，管腔内有大量虫体，有的胰脏萎缩或硬化，甚至癌变。

五、防治

1.治疗

血防-846，每千克体重 200 毫克，间隔 2 天，连服 3 次。

2.预防

主要加强病羊粪便管理，进行生物热发酵，消灭中间宿主——蜗牛，改善饲养管理，以及有计划地轮牧，以增强羊体健康及避免感染。

第四节 羊莫尼茨绦虫病

羊绦虫病是由莫尼茨绦虫、曲子宫绦虫和无卵黄腺绦虫寄生在小肠中所引起。其中莫尼茨绦虫危害最严重，常见于羔羊，不但影响羊只的生长发育，而且可造成羊只的死亡。

一、病因

羊莫尼茨绦虫病是由贝氏莫尼茨绦虫和扩展莫尼茨绦虫寄生于小肠所引起。

二、流行特点

本病具有明显的季节性，山羊一般 2～3 月被感染，4 月发病，5～7

月感染达最高峰，8月以后逐渐下降。同时，本病的感染与羊的年龄有着一定的关系，新生2月龄的羔羊就有感染，3～6月龄的羊感染率最高，2岁以上的成年羊感染率极低，这和其已经获得免疫力有关。

三、症状

病羊表现精神不振、食欲减退，喜欢饮水，常伴发腹泻，有时便秘与腹泻交替发生，同时粪便中混有乳白色的孕卵节片。羔羊被感染后迅速消瘦，被毛粗乱、失去光泽。清晨检查病羊新鲜粪便，可在粪表面发现黄白色长约1厘米的圆柱状孕卵节片。

四、防治

1.1%硫酸铜溶液具有良好的驱虫作用。一般1～6月龄的羔羊可给予15～45毫升，7月龄的成年羊可给予45～100毫升，一次治愈率约80%，隔2～3周再灌服一次。所用药汤要求当天配制、当天使用，不能过夜。

2.处方药

处方1：硫双二氯酚，一次口服，按1千克体重40～60毫克。

处方2：氯硝柳胺（灭绦灵），一次口服，按1千克体重50毫克。

处方3：丙硫咪唑，一次口服，按1千克体重10毫克。

处方4：南瓜子76克、槟榔125克、白矾25克、鹤虱25克、川椒25克水煎取汁，一次灌服。

第五节 羊脑包虫病

羊脑包虫病，俗称"羊转头疯"，是由多头绦虫寄生于羊脑和脊髓引起的疾病，主要侵害羊，特别是2岁以内的羊。

一、病原

羊脑包虫病是由多头绦虫的幼虫——多头蚴引起的一种羊的寄生虫病。多头绦虫隶属于扁形动物门、绦虫纲、多节绦虫亚纲、带科、多头属，其终末宿主是犬、狼等肉食动物。羊吃到狗等排出的多头绦虫卵即可感染，虫卵随着血液到达羊的脑部及脊髓，并在羊的脑、脊髓部位发育成豌豆到鸡蛋大小不等的囊泡，囊泡内充满透明的液体，囊壁由两层膜组成，外膜为角皮层，内膜为生发层，其上有许多原头蚴，原头蚴直径为2～3 毫米，数目约 100～250 个。虫卵经 2～3 个月发育成多头蚴而使羊发病。

二、临床症状

羊脑包虫病的临床症状主要以神经症状为主，并因囊体寄生部位不同而有所差异。现将几种常见的临床症状介绍如下：

① 寄生在脑的颖叶正中部位时，病羊低头触地，口鼻流涎，呆立不动。

② 寄生在角根部位（左右侧叶、颖叶交界处），羊向患侧方向转圈，头向患侧方向倾斜，大部分病羊对侧眼有轻重不同的失明，眼球外观呈灰色。

③ 寄生在两耳根部位（左、右顶叶），羊向患侧方向转圈，头向患侧方向倾斜，大部分病羊对侧眼发生严重的失明，眼球外观呈灰色。

三、病理变化

剖开患羊脑部时，在前期急性死亡的病羊见有脑膜炎及脑炎病变，还可能见到六钩蚴在脑膜中移动时留下的弯曲伤痕。在后期病程中剖检时，可以找到一个或更多的囊体，有时在大脑、小脑或脊髓表面，有时嵌入脑组织中。与病变或虫体接触的头骨，骨质变薄，松软，甚至穿孔，致使皮肤向表面隆起。在多头蚴寄生的部位常有脑的炎性变化，炎性变化具有渗出性炎及增生性炎的性质。靠近多头蚴寄生部位的脑组织，有时出现坏死，其附近血管发生外膜细胞增生；有时多头蚴死亡，萎缩变性并钙化。

四、诊断

本病在绵羊比较多见，特别是 2 岁以下的幼龄绵羊。

羊感染后 1～3 周，即六钩蚴在脑内移行时，呈现类似脑炎或脑膜炎症状，严重感染的羊常在此时期死亡。耐过羊的类似脑炎或脑膜炎的症状不久消失，而在数月内表现健康状态。以后开始出现典型症状，呈现异常运动或异常姿势。其症状取决于虫体的寄生部位和大小：虫体常寄生于某一侧脑半球的颞叶表面，患羊将头倾向患侧，并向患侧做圆圈运动，而对侧的眼常失明；虫体寄生在脑的前部（额叶）时，患羊头部低垂，抵于胸前，步行时高抬前肢或向前方猛冲，遇到障碍物时倒地或静立不动；虫体在小脑寄生时，病羊表现感觉过敏，容易受惊，行走时出现急促步样或蹒跚步态，以后逐渐严重而衰竭卧地，产生视觉障碍、磨牙、流涎、痉挛；腰部脊髓有虫体寄生时，引起渐进性后躯麻痹，患羊不吃不喝，离群，最后高度消瘦；当虫体寄生在脑表面时，颅骨萎缩甚至穿孔，触诊时压迫病羊患部有疼痛感。

五、防治

1. 治疗

（1）手术治疗　对病羊，用外科手术法摘除虫体。简易手术如下：

① 保定：用绳子将羊的四肢捆拢，使羊卧地，二人固定头部，另一人保定羊体后部。

② 剪毛消毒：在头骨发软处剪毛，酒精消毒。

③ 切口和止血：作直线切开皮肤 1～2 厘米左右，用纱布压迫止血，然后切破骨膜和穿一小骨孔（如骨已穿孔的就用原孔），要注意擦净血迹。

④ 破脑膜取虫：在骨孔处用刀轻轻切破脑膜，有的病例虫体在表面，破膜即见虫包囊慢慢突出；有的病例虫体不在表面，则需轻扒探找，虫体也会慢慢突出。当虫体出来时，用手或止血钳拉住虫体，把羊头翻转，使创口向下，慢慢拉出虫体。如虫体被拉破，就在拉出全部虫包膜的同时，让液体和部分游离的头节流尽。

⑤ 取虫后，缝合皮肤，创部涂上菜籽油即可（图 10-3）。

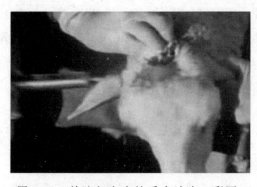

图 10-3　羊脑包虫病的手术治疗（彩图）

（2）药物治疗　盐酸吖啶黄注射液，肌内或皮下注射，每千克体重0.1～0.15毫升，每日1～2次，连用3～5日。

2.防治

① 对牧犬每季度驱虫1次，驱虫药用氢溴酸槟榔素，每千克体重用0.004克。

② 在肉羊养殖场内禁止养狗，严禁用患有脑包虫病的、未经加工的羊头、羊内脏喂狗。

③ 定期对羊群用驱绦虫药进行驱虫。

第六节　羊消化道线虫病

羊消化道线虫病是寄生于羊消化道内的各种线虫引起的疾病。其特征是患羊消瘦、贫血、胃肠炎、下痢、水肿等，严重感染可引起死亡。羊消化道线虫种类很多，它们都具有引起疾病的能力并表现出不同的临床症状，常呈混合感染。本病分布广泛，是羊重要的寄生虫病之一，给养羊业造成了严重的经济损失。

一、病原

引起羊消化道线虫病的线虫分属于不同的属，包括毛圆科的血矛线虫属、奥斯特线虫属、毛圆线虫属、细颈线虫属、古柏线虫属、马歇尔线虫属、钩口科的仰口属、毛线科的食道口线虫属等。

（1）捻转血矛线虫　虫体尖细，具有一个不大的口囊，口囊里有一个小而明显的角质齿，体表角质层有纵纹和横纹。颈乳突较大，位于食道前半部体表两侧。雄虫淡红色，长11.5～22毫米，背肋呈"人"字形，分为2枝，位于不对称的小背叶上。交合刺1对，棕色，等长，长0.415～0.609毫米，末端各有1个倒钩，两个交合刺上的倒钩位置不在同一水平线上。引器呈梭形，长0.202～0.349毫米。雌虫白色的生殖器官和红棕色的肠管相互捻转，形成红白相间的特征，虫体长16.5～32毫米，阴门位于体后半部，有一舌状阴门盖。虫卵呈椭圆形，大小为75～95微米，壳薄，刚排出的虫卵含有 1632 个胚细胞。血矛线虫属中寄生于羊消化道内的还有似血矛线虫。

（2）普通奥斯特线虫　虫体淡红色，前端较细，口囊小，体表有纵纹角质层。雄虫长 7.47～12.02 毫米，背肋于远端 1/2 处分为 2 枝，各分枝的中部向外分出 1 个小枝，并在延伸枝的远端以内外 2 小枝而结束。交合刺 1 对，细而长，长 0.383～0.418 毫米，其远端分为 3 叉。引器似球拍状。雌虫长 10.29～13.02 毫米，排卵器发达，尾端呈锥形。虫卵大小为 69～95 微米。此外，寄生于羊消化道内的还有奥斯特线虫属的奥氏奥斯特线虫、西藏奥斯特线虫、吴兴奥斯特线虫、三叉奥斯特线虫、斯氏奥斯特线虫、短肋奥斯特线虫。

（3）蛇形毛圆线虫　虫体很小，呈丝状，体表有细小的横纹而无纵纹。雄虫长 5.25～7.97 毫米，交合刺 1 对，棕黄色，形状相似但不等长，远端均有倒钩 1 个，右交合刺长 0.122～0.175 毫米，左交合刺长 0.138～0.188 毫米。引器正面呈梭形，侧面似拉长的"S"形，长 0.069～0.095 毫米。雌虫长 5.14～10.2 毫米，虫体在肛门之后急速缩小而形成尖细的尾端。虫卵大小为 69～98 微米。毛圆线虫属中寄生于羊消化道内的还有艾氏毛圆线虫。

（4）尖刺细颈线虫　虫体前部尖细，头端角质层扩大成头囊，头囊具有横纹。雄虫长 7.5～15.33 毫米，背肋每枝末端分为内外 2 个小枝。交合刺远端套在膜内，形状似红缨枪的前锋。雌虫长 12～21 毫米，阴门横缝状，位于虫体后 1/3 处。虫卵椭圆形，大小为 139～175 微米。

（5）栉状古柏线虫　虫体头端细小，头部角质层扩大形成对称的头囊，口腔小，无明显的齿，体部有 10～16 条纵纹。雄虫长 5.52～7 毫米，背肋于中部分为并行的 2 枝，每枝的中上方又发出一个指状的侧枝，交合刺中部粗大，远端变细，其上有环纹。雌虫长 7.8～9 毫米，虫卵长约 67～80 微米。

（6）蒙古马歇尔线虫　虫体两端尖细，体表角质层具有纵纹，颈乳突位于食道中部的体表两侧。雄虫长 10.69～14.94 毫米，背肋细长，约在远端 1/3 处分为左右 2 枝，各枝末端分成内外 2 枝，于该两小枝的稍上方有 1 个外侧枝。交合刺长 0.247～0.334 毫米，于远端 1/3 处分成 3 枝。

引器不明显，呈葱头状。雌虫长 12.28～16.76 毫米，有阴门盖，尾部细长，末端稍膨大。虫卵椭圆形，长 182～217 微米。

（7）羊仰口线虫　虫体前端弯向背侧，口囊大，呈漏斗状，口囊底部有 1 个大背齿和 2 个小亚腹齿。雄虫长 12～15 毫米，交合伞由 2 个发达的侧叶和 1 个不对称的小背叶组成。背肋的分枝不对称。交合刺 1 对，褐色，等长。雌虫长 17～22 毫米，尾端粗短而钝圆。虫卵长 72～85 微米。

（8）哥伦比亚食道口线虫　有发达的侧翼膜，致使虫体前部弯曲，口囊在口领下界的前方，头囊不甚膨大，外叶冠由 20～24 个叶组成，内叶冠由 40～48 个小叶组成，颈乳突位于颈沟的稍后方，其尖端突出于侧翼膜之外。雄虫长 12～13.5 毫米，交合伞发达，交合刺长 0.74～0.87 毫米。雌虫长 16.7～18.6 毫米，尾部长，有肾形的排卵器。虫卵呈椭圆形，长 73～89 微米。此外，寄生于羊消化道内的食道口线虫还有粗纹食道口线虫、湖北食道口线虫、辐射食道口线虫、微管食道口线虫。

（9）羊夏伯特线虫　虫体较大，前端略向腹面弯曲，口囊大而无齿，其前缘有两圈由小三角形叶片组成的叶冠，腹面有浅的颈沟，颈沟前有稍膨大的头泡。雄虫长 16.5～21.5 毫米，有发达的交合伞，交合刺褐色，长 1.3～1.8 毫米。引器呈淡褐色。雌虫长 22.5～26 毫米，尾端尖。虫卵呈椭圆形，大小为（100～120）微米×（40～50）微米。叶氏夏伯特线虫也可寄生于羊体内。

（10）球形毛首线虫　虫体呈鞭状，鞭部与体部之比，雄虫为（2～3）∶1，雌虫为（3～4）∶1。雄虫长 54～69 毫米，交合刺长 3.32～5.6 毫米，交合刺鞘伸出时远端有球形的膨大，上有小刺。雌虫长 62～86 毫米，阴道短，阴门开口于虫体粗细交界处。虫卵呈棕黄色，腰鼓形，卵壳厚，两端有卵塞。

二、生活史

羊消化道线虫在发育过程中，不需要中间宿主，为直接发育，称土源性线虫。它们的生活史可以概括为 3 种类型，即圆形线虫型、钩虫型和毛首线虫型。

（1）圆形线虫型　雌、雄虫在消化道内交配产卵，虫卵随宿主粪便排至外界，在适宜的温度、湿度和氧气条件下，从卵内孵化出第一期幼虫，蜕两次皮变为第三期幼虫，即感染性幼虫。感染性幼虫对外界的不利因素有很强的抵抗力，能在土壤和牧草上爬动。清晨、傍晚、雨天和雾天多爬到牧草上，羊随同牧草吞食感染性幼虫而感染。感染性幼虫在终末宿主体内或移行，或不移行，最终发育为成虫。

（2）钩虫型　虫卵随宿主粪便排至外界，在外界发育为第一期幼虫，孵化后，经两次蜕皮变为感染性幼虫。感染性幼虫能在土壤和牧草上活动，主要是通过终末宿主的皮肤感染，随血流到肺，其后出肺泡，沿气管到咽，又随黏液一起咽下，到小肠发育为成虫，也能经口感染。

（3）毛首线虫型　虫卵随宿主粪便排至外界，在粪便和土壤中发育为感染性虫卵。宿主吞食感染性虫卵后，幼虫在小肠内孵出，在大肠内发育为成虫。

三、病因

由于虫体的前端刺入胃肠黏膜，造成损伤，引起不同程度的发炎和出血，除上述机械性刺激外，虫体可以分泌一种特殊的毒素，防止血液凝固，致使血液由黏膜损伤处大量流失，这种现象在捻转血矛线虫表现得更为突出。有些虫体分泌的毒素，经羊体吸收后，可导致羊体血液再生机能受损或引起溶血而造成贫血。有的虫体毒素还可干扰羊体消化液的分泌、胃肠的蠕动和体内碳水化合物的代谢，使胃肠机能发生紊乱，妨碍食物的消化和吸收，病羊呈现营养不良和一系列症状。

四、症状

羊在严重感染的情况下，可出现不同程度的贫血、消瘦、胃肠炎、下痢、下颌间隙及颈胸部水肿。患病羔羊发育受阻，血液检查红细胞数量减少，血红蛋白含量降低，淋巴细胞和嗜酸性粒细胞数量增加。少数病羊体温升高，呼吸、脉搏增数，心音减弱，最后衰弱而死亡。

五、诊断

羊消化道线虫病病原种类较多，在临床上引起的症状大多无特征性，仅有程度上的不同。虫卵检查除毛首线虫、细颈线虫、仰口线虫、古柏线虫等有特征可以区别外，其他种类不易辨认，生前很难诊断。唯有根据本病的流行情况、病羊的症状、死羊或病羊的剖检结果作综合判断。粪便虫卵计数法只能了解本病的感染强度，作为防治的依据。在条件许可的情况下，必要时可进行粪便培养，检查第三期幼虫。

六、防治

1. 治疗

① 左旋咪唑，每千克体重5～10毫克，溶水灌服，也可配成5％的溶液皮下或肌内注射。

② 甲苯咪唑，每千克体重10～15毫克，灌服或混饲给予。

③ 丙硫咪唑，每千克体重5～10毫克，口服。

④ 伊维菌素，每千克体重0.1毫克，口服；0.1～0.2毫克/千克体重，皮下注射，效果极好。

2. 预防

① 计划性驱虫：可根据当地的流行病学资料做出规划，一般春、秋季各进行一次驱虫。

② 放牧和饮水卫生：应避免在低湿的地方放牧；不要在清晨、傍晚或雨后放牧，尽量避开幼虫活动的时间，以减少感染的机会；禁饮低洼地区的积水或死水。

③ 加强粪便管理：将粪便集中在适当地点进行生物热处理，消灭虫卵和幼虫。

第七节　羊网尾线虫病

一、病原

本病病原为网尾线虫，虫体乳白色、细线状，肠管呈一黑线。寄生于羊体内的是丝状网尾线虫，雄虫长30～80毫米，雌虫长50～100毫米。

二、生活史

生活史以丝状网尾线虫为例，叙述如下：成虫在支气管内产卵，卵产出时其中已包含有发育成形的幼虫。羊咳嗽时，虫卵随痰液被吞咽而进入消化道，通过消化道时孵出幼虫。幼虫随粪便排到外界，在适宜条件下，经两次蜕皮后变为感染性幼虫。羊吃草或饮水时食入感染性幼虫而被感染。感染性幼虫进入宿主肠内，钻入肠壁，沿淋巴管进入淋巴结，在淋巴结内生长发育一个阶段，而后沿淋巴管和血管到心脏再到肺，滞留在肺毛细血管内，最后突破血管壁，进入细支气管、支气管寄生，经1个月发育为成虫。

当羊只营养状况良好并有一定的免疫力时，则感染性幼虫进入淋巴结后，可暂留其中而不继续发育（有的进入肺实质后才停止发育），但这种感染性幼虫常常保存其生活力，待羊只由于某种原因抵抗力下降时，又继续发育为成虫。

在营养状况良好的羊只体内，丝状网尾线虫的寿命只有2～3个月，但在瘦弱的羊只体内其寿命可达1年以上。

三、症状

病初病羊表现干咳，逐渐频咳有痰，喜卧，呼吸困难，消瘦。

四、诊断

网尾线虫的幼虫移行时破坏肠壁的完整性，引起肠炎，还可带入病原菌而导致种种继发感染。成虫在肺支气管内寄生，刺激支气管黏膜，引起炎症，黏液分泌增多，虫体和黏液一起造成支气管阻塞，导致肺的膨胀不全和气肿。虫体的代谢产物能使羊中毒。

羊感染网尾线虫后，初期的症状是咳嗽，在夜间休息时尤其显著，在羊圈附近可以听到羊群的咳嗽声和拉风箱似的呼吸声。病羊流鼻涕，干涸后在鼻孔周围形成痂皮；有时鼻涕很黏稠，形成几寸长的绳索状物，拖悬在鼻孔下面，致使羊常打喷嚏。病羊逐渐消瘦，被毛干枯，贫血，头胸部和四肢水肿，呼吸困难，体温一般不升高。

羊网尾线虫幼虫的特征：幼虫长 0.55～0.58 毫米，头端有一扣状小结。

羊的细支气管中还常常寄生有原圆科缪勒属的毛样缪勒线虫和原圆属的柯氏原圆线虫。它们的第一期幼虫也是随宿主粪便排出，需要螺蛳和蜗牛作中间宿主。

毛样缪勒线虫的第一期幼虫靠近尾端背侧面上有一背刺，柯氏原圆线虫的第一期幼虫尾部呈波浪形弯曲。这两种幼虫都比较小，一般只有丝状网尾线虫的一半长。

所以即使病羊有这三种肺线虫混合寄生，诊断也不困难。然而，检查的粪便一定要是新鲜的而未被其他污物沾染的。夏天，各种圆形线虫的发育都很快，粪中一旦有其他圆形线虫的幼虫孵化出来，就会给诊断带来困难。

五、防治

1. 治疗

① 左旋咪唑，口服剂量为 8 毫克/千克体重，肌内或皮下注射剂量为 5～6 毫克/千克体重。

② 氰乙酰肼，17 毫克/千克体重，口服，每日一次，连用 3～5 天；或 15 毫克/千克体重，皮下或肌内注射，每只羊最大剂量为 1 克。

③ 丙硫苯咪唑，5～10 毫克/千克体重，口服。

④ 伊维菌素，0.2 毫克/千克体重，一次皮下注射。

2. 预防

① 改善饲养管理，提高羊群的健康水平和抵抗力，从而缩短虫体寄生时间。

② 羔羊受害较严重，应加强对羔羊的培育。羔羊应与成年羊分开饲养。可选择较安全的牧地（久未放牧的草地、高燥草地和轮牧地）培养羔羊。

③ 流行严重的牧场，必须每年进行定期驱虫。

第八节　羊疥螨病

疥螨病也称疥癣或癞病。羊疥螨病又称羊疥癣，俗称为羊疥疮、羊癞或"骚"。通常所指的螨病是由于痒螨或疥螨在动物体表皮肤寄生而引起的一种慢性寄生虫病。其特征是皮炎、剧痒、脱毛、结痂，传染性强，对羊的毛皮危害严重，也可造成死亡。山羊多为疥螨病，绵羊多为痒螨病。

一、生活史

螨的终生都生活在羊身上，如果离开了羊体，生命即受到威胁。

疥螨和痒螨的全部发育过程包括卵、幼螨、若螨、成螨四个阶段。羊疥螨雌虫在皮下隧道中产卵，一生可产20~40个。卵经3~7天孵化成六脚幼虫，再经数日而变为小疥虫，以后再发育为成虫。其全部发育过程为15~20天。羊痒螨雌虫在羊毛之间的寄生区域产卵，一生可产90~100个。卵经3~4天即孵出六脚幼虫，幼虫吸血一次，经2~3天变为若虫。若虫蜕皮2次后，再过3~4天变为成虫。从卵到成虫前后共经过10~11天，生活史即完成。疥螨寄生于皮肤角化层下，并不断在皮内挖凿隧道，以角质层组织和渗出的淋巴液为食，不断发育和繁殖；痒螨寄生于皮肤表面，用其口器刺穿皮肤吸取渗出液为食。

疥螨在宿主体外的生活期限随温度、湿度和阳光照射强度等多种因素的变化而有显著差异，一般仅能存活3周左右。18~20℃、空气湿度为65%时经过2~3天死亡，而7~8℃时则15~18天才死亡。痒螨具有坚韧的角质表皮，对不利环境的抵抗能力较强，一般能存活两个月左右。

二、流行特点

该病一年四季均可发生，但多发生在秋末、冬季及初春，因为这些季节光照不足，羊只被毛厚密，而且皮肤湿度大，圈舍潮湿、阴暗拥挤，利于螨的生长繁殖和传播蔓延。夏季羊绒毛大量脱落，皮肤表面经常受到阳光照射，较为干燥且皮温高，这些条件都不利于螨的生长，多数虫体死亡，只有少数虫体潜伏于耳壳、蹄踵、腹股沟及被毛深处，随季节的转变，重新活跃引起疾病复发，它们是危险的传染源。该病的传播主要由于健康羊与患羊直接接触或通过被螨及其虫卵污染的厩舍、用具等间接接触引起感染，另外也可由饲养人员的衣服及手触传播病原。

三、临床症状

该病是接触感染，如健羊与病羊同群，或使用病羊用过的器具和圈舍，便会受到感染。虽然螨的种类不同，但一般都在感染后3～6周发病。

该病的主要病症是剧痒。原因是螨体表的小刺、刚毛、鳞片和口器分泌的毒素刺激神经末梢而引起剧痒。病势越重，痒感越剧烈。可见病羊不断在墙、栏柱等处摩擦，在阴雨天气、夜间、通风不良的圈舍表现尤为明显。

疥螨病多见于山羊，绵羊发病较少，因淋巴液的渗出较痒螨病少，故有的地方称为"干骚"。本病主要发生于皮肤柔软且毛短的部位，如唇、口角、鼻孔四周、耳根、眼睛周围及四肢等部。因虫体穿隧道时的刺激，使羊发生强烈痒觉，病部肿胀或有水泡，皮屑很多。水泡破裂后，结成干灰色疮痂，皮肤变厚、脱毛、干如皮革（图10-4），内有大量虫

图 10-4 羊疥螨病（皮肤变厚、
脱毛、干如皮革，彩图）

体。病势严重时，可使山羊的嘴全被疮痂所盖，不能张口，仔山羊常因之饿死。

痒螨病绵羊发生较多，因患部淋巴液渗出增多，故有的地方称为"水骚"。本病多发于身体毛长、被毛稠密的部位，如臀、尾部及背部，然后波及全身。首先看到的症状是羊摩擦搔痒，被毛零乱，羊毛结成束，体躯下部泥泞，零散的毛丛悬垂在体表，以后羊毛大块脱落，露出病部。因为螨刺激皮肤，吸食体液，故螨多时使皮肤发红、发肿、发热，有血清渗出。如有细菌感染，则发生化脓，不久结成淡黄色疮痂。起初痂皮不大，到虫体侵犯健康部位时，疮痂就会扩大。除脱毛外，皮肤变厚皱缩，病羊感到奇痒，显出疯狂性的摩擦。

以上两种螨病，都可使病羊把大部分时间用在擦痒上，以致吃草和休

息时间减少，因此营养不良，身体衰弱，对其他病的抵抗力减弱。在寒冷季节里，由于皮肤脱毛常常引起死亡。

四、防治

1. 预防

该病是由接触传染，在预防时应该注意下列各项：

① 畜舍要保持通风、干燥、采光好、羊只不拥挤，加强饲养管理，从而减少本病的发生。

② 对新购入的羊，要隔离观察，并进行预防处理，然后再混入健康羊群。

③ 为消灭环境中的螨，应对畜舍及用具定期消毒，可用 0.5％敌百虫水溶液喷洒墙壁、地面及用具，或用 80℃以上的 20％石灰水洗刷墙壁和柱栏。

④ 治疗后的病羊应置于消毒过的畜舍内饲养。隔离治疗过程中，饲养管理人员应注意经常消毒，避免通过手、衣服和用具散布病原。治愈病羊应继续观察 20 天，如未再发，再一次用杀虫药处理，方可合群。

⑤ 在常有螨病发生的地区及单位，对羊只可采取定期检疫，并随时注意观察羊只情况。一旦发现病羊，为防止此病蔓延，应进行严格隔离和治疗，并给以卫生管理及合理饲养。对于治过的羊只，在 20 天以内应随时观察，如未痊愈，应继续治疗。

⑥ 定期施行药浴。药浴既可治疗螨病，又可起到预防作用，应在每年夏初、秋末各进行一次药浴。一般在山羊抓绒后、绵羊剪毛后的 5～7 天进行药浴。可选用 0.05％蝇毒磷乳剂水溶液、0.05％辛硫磷乳剂水溶液、0.1％～0.2％新灭癞灵、0.1％～0.2％氯苯脒（杀虫脒）溶液、0.05％双甲脒水溶液或喜农疥螨灵。喜农疥螨灵的预防性药浴浓度为 150～200 毫克/升，药浴 1 次，其有效期可维持 3 个月。二氯苯醚菊酯（除虫精）杀螨以 220 毫克/千克乳剂药浴，药效可维持 42 天以上。

大规模药浴时，采用药浴池。药液的配制是先根据药浴池的大小计算出放入的水量，然后根据水量及需用的药液浓度再计算出所需的总药量。

2. 药浴时的注意事项

① 药浴前要准备好药浴药品、中毒抢救药品，做好人员的分工。

② 为了使药物能充分地接触虫体，药浴前最好先用肥皂水或煤酚皂液彻底冲刷患部，然后用清水冲洗，清除患部和污物后再用药。

③ 药浴要选择晴朗、无风、温暖的天气，选择背风、向阳、平坦的场地进行。

④ 需要药浴的羊数量多时，要先进行小范围的药浴试验，安全无问题时，再大批进行。大群药浴时，随时补充药液，以免影响药效。药液温度应保持在 36～38℃，最低不能低于 30℃。

⑤ 老弱幼羊和有病的羊应该分群进行。

⑥ 药浴时羊不要采食过饱，但试前要让羊充分饮水，防止因饥渴误饮药液。

⑦ 不得在药液中混入肥皂水、苏打水等碱性物质，因其会增加药液毒性。

⑧ 药液配制浓度要准确。药液浓度大易引起药物中毒，浓度小则影响杀虫效果。药液的量要充足，保证羊身体各部位得到充分浸泡（浸泡时间为 1 分钟）。

⑨ 药浴时应注意人畜安全。新灭癫灵对人的眼睛和皮肤有刺激性，其他药品也有一定的毒性，所以人体不要接触药液。抓羊时，要小心谨慎，注意防止羊摔伤。

⑩ 浴后将羊放在阴凉处，等药干以后再去放牧。同时要防止淋雨和强烈的阳光照射。

⑪ 羊只药浴后，应注意细心观察羊只的活动情况，如发现口吐白沫、精神沉郁、兴奋或惊厥等中毒症状时，要立即进行抢救。首先用清水洗去羊身上的药液，然后用药物进行对症治疗。

⑫ 药浴后的剩余药水不得倾注或流入河、塘内，因其对鱼的危害较大。

⑬ 为了彻底消除疥螨，在药浴的当日必须彻底清除羊舍的粪便和垫草，利用浴过羊的药水刷洗墙壁及用具，火烧垫草。或把圈舍修刮一层，地上撒以生石灰，墙壁用混有 5% 克辽林的石灰水进行粉刷。有条件时，可将旧圈舍放两个月以后再用。

3.治疗

治疗羊螨病的方法很多，一般对寒冷季节或个别发生的，采取局部用药；对温暖季节或大群发病的，采用药浴疗法；在任何时间都可采用口服或注射伊维菌素。

（1）局部治疗　对病羊可采取涂擦药液的方法治疗。当少数羊只发病，或在寒冷季节不适合剪毛药液治疗时，可选择在温暖环境进行局部涂药治疗。因为患部周围一般都有散在的小病灶隐藏在毛中间，所以涂药前首先应对患部外周适当剪毛，然后涂药。

涂药方法：以毛刷蘸取药液刷拭患部。因为虫体主要集中在病灶的外围，所以一定要把病灶的周围涂好药，并要适当超过病灶范围。另外，当患部有结痂时，要反复多刷几次，使结痂软化松动，便于药液浸入，以杀死痂内和痂下的虫体及虫卵。可选用0.05%的辛硫磷、氰戊菊酯（杀灭菊酯）进行治疗。也可以将烟草秆0.5千克、常水10千克放置于锅内煮1~2小时，煮出的水用来擦皮肤。

为了防止中毒，对于受感染范围较大的病羊，应分区、分次用药。如果于用药后发现中毒或皮肤炎，应迅速用温肥皂水将药洗去，涂上油类，并采取相应的对症疗法。

用干燥粉剂撒布：痒螨在缺乏湿气的情况下容易死亡，因此用干燥粉剂撒布在患部，对羊痒螨病的疗效很好。一般采用石灰硫黄粉剂，其配方如下：

升华硫黄（或硫黄粉）30份，石膏粉30份，漂白粉30份。将这些粉剂混合均匀，装入盒内，在盒盖上扎一些小孔。先逆毛方向用刷子将毛竖起来，将药粉由小孔撒出，然后按顺毛方向将毛压平，使药品充分与患部皮肤接触。3天一次，共治疗3次。本法的优点是一年四季都可应用，尤其适用于秋冬季气候寒冷时期。

（2）全身治疗

① 药浴疗法：由于大多数治螨药物对螨卵的杀灭作用差，因此，需治疗2~3次，每次间隔7~10天，杀死新孵出的幼虫。药浴所用药物与预防药物相同。

② 注射或口服伊维菌素：剂量为50~100微克/千克体重，对疥螨的治疗效果优于痒螨。伊维菌素用后21天内羊肉不得食用，用后28天内羊奶不得食用。

③ 注射 20％碘硝酚注射液，剂量为 10～20 微克/千克体重。注射后 3～5 天症状消失，7～10 天脱痂，14 天长出新毛，保护期至少 90 天。

④ 氯苯脒有较强的杀螨卵的作用，可用于擦洗、喷淋或药浴，使用时配成 0.1％～0.2％的溶液。

⑤ 氰戊菊酯（杀灭菊酯）用量为 80～200 毫克/千克，喷雾、涂布、药浴均可。室内除虫：0.03～0.05 毫升/米³，喷雾后密闭 4 小时。注意事项：配水乳剂时水温不宜超过 50℃，忌与碱性药物配伍。该药物稳定性好，经过 30 天效力不变。

⑥ 石灰硫黄合剂药浴，其中含硫黄 2％，生石灰 1％，加温药浴，治疗痒螨病时，每周一次，共两次；治疗疥螨病时，每周一次，需四次以上。

第九节　羊痒螨病

羊痒螨病是由疥螨科痒螨属的痒螨寄生于羊的皮肤表面引起的一种皮肤寄生虫病，是重要的螨病之一，亦为接触性传染。

一、病因

痒螨呈长圆形，成虫长约 0.5～0.9 毫米，肉眼可见，口器长，呈圆锥形。痒螨脚长，两对前脚特别发达。雌虫大于雄虫。雌虫的第 1、第 2 和第 4 对脚以及雄虫的前 3 对脚都有跗节吸盘，雄虫的第 3 对脚特别长，第 4 对脚特别短。雌虫和稚虫的第 3 对脚上各有两根刚毛，雄虫的第 4 对脚上没有跗节吸盘和刚毛。虫体背面无鳞片和棘，但有细的线纹。

痒螨的发育过程和疥螨相似。痒螨寄生于皮肤表面，不挖掘隧道。痒螨对不利于其生活的各种因素的抵抗力超过疥螨，离开宿主体以后，仍能生活相当长的时间。痒螨对宿主皮肤表面的温度变化敏感性很强，常能聚集在病变部和健康皮肤的交界处。潮湿、阴暗、拥挤的厩舍常使病情恶化；夏季对痒螨不利，绵羊剪毛后，皮肤表面温度降低，日照增强，空气流通较好，这时痒螨潜入耳壳、眼下窝、尾根下会阴部、阴囊部附近和蹄间隙等处，痒螨病即转为潜伏性痒螨病。

二、诊断

痒螨病与疥螨病的不同之处在于皮肤皱褶的形成较不明显，病变部的被毛易脱落，痒觉入夜加剧。

痒螨病多发生在长有毛的部位，开始时可能局限于背部或臀部，然后蔓延到体侧部。患部奇痒，病羊常在墙壁、木桩、石块等物体上磨蹭，或用后肢搔抓患部。患部皮肤最初出现针头大至粟粒大的结节，继而形成水泡和脓泡。患部渗出液很多，皮肤表面湿润，最后凝结成浅黄色脂肪样的痂皮。有些患部皮肤增厚、变硬、形成皲裂。病羊群常首先观察到有些羊只身上的毛结成束，躯体下部不洁，有些羊只身上悬垂着零散的毛束或毛团，呈现被毛褴褛的外观，以后毛束逐渐大批脱落，出现裸露皮肤的病羊。病羊贫血，营养高度衰竭，在寒冷季节里，可能造成大批死亡。

如根据症状疑为本病后，肉眼观察或用手持放大镜观察患部，找到痒螨即可诊断为本病。诊断疥螨病的方法亦适用于痒螨病。

三、防治

参阅羊疥螨病部分。但应用伊维菌素或爱比菌素治疗时，应用药 2 次，间隔时间应在 1 周左右。

第十节　羊硬蜱病

羊硬蜱病是由蜘蛛虫纲、蜱螨目、硬蜱科的各种蜱寄生于羊体表引起的一种吸血性外寄生虫病。硬蜱又称壁虱、扁虱、草爬子等。硬蜱除直接危害羊外，还可传播焦虫病，对畜牧业的危害极大。硬蜱不但可以侵袭羊，而且还可以侵袭人和其他多种动物。

一、病原

硬蜱呈椭圆形，背腹较平，头、胸、腹融合为一体。虫体前端为假头，后部为体部。假头由须肢、螯肢、口下板和假头基部组成。假头基部的形状因种属不同而异。雌虫的假头基部背面有一个多孔区呈圆形或近似三角形。体部由盾板、眼、缘垛、足、生殖孔、气孔板、肛沟、腹板等组成。盾板在虫体背面，雄虫的盾板覆盖整个背部，雌虫的盾板只覆盖前1/3部分。眼为小的圆形突起，有的蜱无眼。腹面有四对分节的足。生殖孔位于腹面第二、三对足之间的中线上。肛门位于腹面中后部，并有肛沟围绕前方或后方。有的雄蜱腹面有角质的腹板，根据位置分别称为生殖前板、中板、肛板、肛侧板和侧板等。在幼虫期和成虫期之间有一个若虫期。成虫和若虫均为 4 对足，幼虫有 3 对足。硬蜱的种类很多，与羊等动物发生疾病关系较密切的有 6 个属：血蜱属、璃眼蜱属、硬蜱属、羊蜱属、扇头蜱属、革蜱属。

二、生活史

硬蜱的发育过程要经过卵、幼虫、若虫、成虫四个阶段。

大多数硬蜱在宿主身体上交配，交配后雌蜱吸饱血落地，在墙缝等阴暗处产卵，而后死亡。卵经一定时间孵出幼虫，幼虫爬到宿主身上吸血，吸饱血后蜕皮变成若虫，若虫吸饱血后蜕变为成虫。成虫又在宿主体表吸血、交配。

硬蜱的整个发育过程包括两次蜕皮、三个活跃期。根据硬蜱的发育过程和采食方式可将其分为三类：

（1）一宿主蜱　蜱的整个发育过程（从幼虫到成虫）都在同一个宿主身体上完成，如微小牛蜱。

（2）二宿主蜱　在全部发育过程中需要更换两个宿主，即幼虫在宿主体表吸血并蜕皮变为若虫，若虫吸饱血后落地，蜕皮变为成虫后再侵袭另外一个宿主，在第二个宿主体上吸血，交配后落地产卵，如某些璃眼蜱。

（3）三宿主蜱　全部发育过程需要更换三个宿主。幼虫侵袭一个宿主，蜕皮变成若虫后再侵袭第二个宿主，若虫落地蜕皮后又侵袭第三个宿主，如长角血蜱等。

三、蜱的危害

（1）直接危害　蜱侵袭羊后，口器刺入皮肤可造成局部损伤，组织发生水肿、出血、皮肤增厚，甚至由此引起细菌感染化脓或弥漫性肿胀，产生皮下蜂窝织炎。

当大量蜱侵袭羔羊时，蜱的唾液进入血液后可破坏机体造血机能，溶解红细胞，形成恶性贫血，甚至羔羊发生蜱唾液中毒，出现神经症状及麻痹。

（2）间接危害　蜱可传播许多传染病的病原体，如森林脑炎病毒、布氏杆菌、立克次体等，而在临床上危害最大的是蜱能传播羊的焦虫病。

四、症状

硬蜱寄生在羊体表，吸血时能机械性地损伤皮肤，造成寄生部位的痛痒，使羊不安，摩擦或啃咬患部。硬蜱固着处造成伤口，继而引起皮肤发炎、毛囊炎、皮脂腺炎等。当大量寄生时，可引起羊贫血、消瘦、发育不良、皮毛的质量降低、产乳量下降。

五、防治

1.消灭畜体上的蜱

（1）人工捉蜱　一般个体养羊户，在羊少、人力充足的条件下，每天坚持刷拭羊体，在放牧归来时检查羊体，发现蜱时，将其摘掉，集中起来用火烧。摘蜱时应以与羊体皮肤垂直的角度往外摘，否则蜱的假头容易断留在体内，引起局部发炎。

（2）药物灭蜱　向羊体喷洒 2％的敌百虫、0.2％的马拉硫磷、0.2％的害虫敌、0.2％辛硫磷或 0.25％的倍硫磷等乳剂，每只羊平均 200 毫升，每隔三周喷涂一次，喷涂后应在被毛稍干后再饮水喂食，防止药物滴入饲养用具中引起中毒。

（3）皮下注射伊维菌素　羊每千克体重 0.2 毫克，每隔两周注射一次。注射长效伊维菌素或阿维菌素，每隔 2 个月注射一次。

2.消灭畜舍内的蜱

有些蜱常年生活在畜舍内的墙壁、地面、饲槽等的缝隙中，为了消灭这些蜱，应堵塞畜舍内所有的缝隙。堵塞前先向缝隙内洒布克辽林油或杀蜱剂，堵塞后用新鲜石灰乳剂粉刷。

第十一节　羊鼻蝇蛆病

羊鼻蝇蛆病是由羊鼻蝇幼虫寄生在羊的鼻腔及附近腔窦内所引起的疾病，在我国西北、东北、华北地区较为常见。羊鼻蝇主要危害绵羊，对山羊危害较轻。病羊表现为精神不安，体质消瘦，甚至发生死亡。

一、病原

1. 成虫

羊鼻蝇形似蜜蜂，全身密生短绒毛，体长 10～12 毫米；头大呈半环形，黄色；两复眼小，相距较远；触角环形，位于触角窝内；口器退化；胸部有 4 条断续而不明显的黑色纵纹，腹部有褐色及银白色斑点。

2. 幼虫

第一期幼虫呈淡黄白色，长 1 毫米，前端有两个黑色口前钩，体表丛生小刺，末端的肛门分左右两叶，后气门很小，呈管状；第二期幼虫呈椭圆形，长 20～25 毫米，体表刺不明显，后气门呈弯肾形；第三期幼虫长约 30 毫米，背面拱起，各节上有深棕色的横带，腹面扁平，各节前缘有数行小刺，体前端尖，有两个强大的黑色口前钩，虫体后端齐平，有两个黑色的后气孔。

二、生活史

羊鼻蝇的发育需经幼虫、蛹及成虫 3 个阶段。成虫出现于每年的 5～9 月间，雌雄交配后，雄虫很快死亡，雌虫则于有阳光的白天以急剧而突然的动作飞向羊鼻，将幼虫产在羊鼻孔内或羊鼻孔周围，雌虫在数天内产完幼虫后亦很快死亡。产出的第一期幼虫活动力很强，爬入鼻腔后以其口前钩固着在鼻黏膜上，并逐渐向鼻腔深部移行，到达额窦或鼻窦内（有些幼虫还可以进入颅腔），经两次蜕化发育为第三期幼虫。幼虫在鼻腔内寄生约 9～10 个月，到翌年春天，发育成熟的第三期幼虫由鼻腔深部向浅部返回移行，当患羊打喷嚏时，将其喷出鼻孔，第三期幼虫即在土壤表层或羊粪内变蛹，蛹的外表形态与第三期幼虫相同。蛹经1～2个月羽化为成虫。成虫寿命约2～3周。在温暖地区羊鼻蝇每年可繁殖两代，在寒冷地区每年繁殖一代。

三、流行病学

羊鼻蝇成虫多在春、夏、秋季出现，尤以夏季为多。成虫在6、7月份开始接触羊群，雌虫在牧地、圈舍等处飞翔，钻入羊鼻孔内产出幼虫。经3期幼虫阶段发育成熟后，幼虫从深部逐渐爬向鼻腔，当患羊打喷嚏时，幼虫被喷出，落于地面，钻入土中或羊粪堆内化为蛹，经1～2个月后化成蝇。雌雄交配后，雌虫又侵袭羊群再产幼虫。

四、症状

患羊表现为精神萎靡，可视黏膜淡红，鼻孔有分泌物，摇头、打喷嚏（图10-5），运动失调，头弯向一侧旋转或发生痉挛、麻痹，听、视力降低，后肢举步困难，有时站立不稳，跌倒而死亡。

图10-5　羊鼻蝇蛆病（鼻孔有分泌物，摇头、打喷嚏，彩图）

五、诊断

1.临床诊断

羊鼻蝇幼虫进入羊鼻腔、额窦及鼻窦后，在其移行过程中，由于体表小刺和口前钩损伤黏膜引起鼻炎，可见羊流出多量鼻液，鼻液初为浆液性，后为黏液性和脓性，有时混有血液；当大量鼻漏干涸在鼻周围形成硬痂时，使羊发生呼吸困难。此外，可见病羊表现不安，打喷嚏，时常摇头，磨鼻，眼睑浮肿，流泪，食欲减退，日渐消瘦。症状表现可因幼虫在鼻腔内的发育期不同而持续数月。通常感染不久呈急性表现，以后逐渐好转，到幼虫寄生的晚期，则疾病表现更为剧烈。有时，当个别幼虫进入颅腔损伤脑膜或因鼻窦发炎而波及脑膜时，可引起神经症状，病羊表现为运动失调，做旋转运动，头弯向一侧或发生麻痹；最后病羊食欲废绝，因极度衰竭而死亡。

2.实验室检查

病羊生前诊断可结合流行病学情况和症状表现，于发病早期用药液喷射鼻腔，查找有无死亡的幼虫排出。死后诊断时，剖检时在鼻腔、鼻窦或额窦内发现羊鼻蝇幼虫，即可确诊。

六、防治

防治该病应以消灭第一期幼虫为主。各地可根据不同气候条件和羊鼻蝇的发育情况，确定防治的时间，一般在每年 11 月份进行为宜。可选用如下药物及方法：

（1）口服　选取 4-溴-2-氯苯基，剂量按每千克体重 0.12 克，配成 2％的溶液，灌服。

（2）肌内注射　取精制敌百虫 60 克，加 95％酒精 31 毫升，在瓷器内加热溶解后，加入 31 毫升蒸馏水，再加热到 60～65℃，待药完全溶解后，加水至 100 毫升，经药棉过滤后即可注射。剂量按羊体重 10～20 千克用 0.5 毫升；体重 20～30 千克用 1 毫升；体重 30～40 千克用 1.5 毫升；体重 40～50 千克用 2 毫升；体重 50 千克以上用 2.5 毫升。

（3）烟雾法　常用于羊群的大面积防治，药量按熏蒸场所的空间体积计算，每立方米空间使用 80％敌敌畏 0.5～1.0 毫升，方法是在盆内放锯末，洒 80％敌敌畏乳油，放上几个烧红的煤球即可。吸雾时间应根据小群羊的安全试验和驱虫效果而定，一般以不超过 1 小时为宜。

（4）涂药法　对个别良种羊，可在成蝇飞翔季节将 1％敌敌畏软膏涂擦在羊的鼻孔周围，每 5 天 1 次，可杀死雌虫产下的幼虫。

第十二节　羊球虫病

羊球虫病是由艾美尔科艾美尔属的球虫寄生于羊肠道所引起的一种原虫病，发病羊只呈现下利、消瘦、贫血、发育不良等症状，严重者导致死亡，主要危害羔羊。本病呈世界性分布。球虫病是山羊常见的一种原虫疾病。1～3 月龄的山羊羔发病率和死亡率较高，其特征主要表现为粪不成形或拉稀，食欲下降，生长发育不良，严重时高度贫血，衰竭而死亡。

一、病原

山羊球虫病的病原体系艾美尔科艾美尔属的原虫。由于山羊和绵羊的某些艾美尔球虫卵囊在形态学上较为相似，早期曾被人们视为相同的种，其种名在山羊和绵羊间相互通用。近年来，一些学者通过大量的卵囊交叉传递试验，证明羊球虫具有宿主特异性，寄生于山羊和绵羊的一些球虫是形态相似的不同的种，并分别冠以不同的种名，以免出现混淆。到目前为止，基本上已得到公认的山羊球虫为艾美尔属的 13 种。

二、生活史

山羊艾美尔球虫属直接发育型寄生虫，不需要中间宿主，须经过无性生殖、有性生殖和孢子生殖 3 个阶段。孢子化卵囊被羊吞食后，在胃液的作用下，子孢子逸出，迅速侵入肠道上皮细胞，进行多世代的无性生殖，形成裂殖体和裂殖子。在山羊球虫的发育过程中，有两种类型的裂殖体存在，即大裂殖体和小裂殖体。子孢子首先侵入小肠绒毛中央乳糜管的内皮细胞，在其内发育为大裂殖体。大裂殖体很大，直径可达 300 微米，内有成千上万个裂殖子，大裂殖体成熟后释放出的裂殖子再侵入上皮细胞，又形成大裂殖体或小裂殖体。小裂殖体主要寄生于小肠腺上皮细胞中，少数寄生于小肠绒毛上皮细胞中。小裂殖体较小，直径只有 10 微米左右，内有十几或几十个裂殖子，成熟后释放出的裂殖子侵入上皮细胞，再形成小裂殖体或进入有性生殖阶段，形成大、小配子体。大、小配子体寄生于肠腺和肠绒毛上皮细胞中，发育成熟后，后者分裂生成许多小配子，小配子与大配子结合形成合子，再形成卵囊。卵囊随宿主粪便排出体外，在适宜条件下，进行孢子生殖。经数日发育成感染性卵囊，被羊吞食后，重新开始其在宿主体内的无性生殖和有性生殖。

艾美尔球虫一般都在肠内发育，但已经有许多山羊球虫在肠外发育的报道。如在山羊的肠系膜淋巴结中发现了球虫的大裂殖体、卵囊和大、小配子体，在胆囊壁中也发现了球虫的小裂殖体、大配子体和卵囊；在羊胆组织压片和肝中央静脉中也发现了球虫卵囊，胆管中有大裂殖体样物，胆汁中有数量不等的球虫卵囊，但这些卵囊经分离培养后不能孢子化。这些可能是由于子孢子、裂殖子随血流或通过肠黏膜的吞噬细胞或其他某种途径到达这些组织发育而来的。

三、流行病学

各种品种的绵羊、山羊对球虫均有易感性，但山羊感染率高于绵羊；1岁以下的羊感染率高于1岁以上的羊，成年羊一般都是带虫者。据调查，1～2月龄春羔的粪便中，常发现大量的球虫卵囊。该病流行季节多为春、夏、秋三季，感染率和强度依不同球虫种类及各地的气候条件而异。冬季气温低，不利于卵囊发育，很少发生感染。

本病的传染源是病羊和带虫山羊，卵囊随山羊粪便排至外界，污染牧草、饲料、饮水、用具和环境，经消化道使健康山羊获得感染。所有品种的各种年龄的山羊对球虫均有易感性，但1～3月龄的羔羊发病率和死亡率较高，发病率几乎为100%，死亡率可高达60%以上。成年山羊感染率也相当高，也不乏有每克粪便中卵囊数很高的例子，但不发病或很少发病，这可能是一种年龄免疫现象，感染羊仅为带虫者，成为病原的主要传染来源。饲料和环境的突然改变、长途运输、断乳、恶劣的天气和较差的饲养条件都可引起山羊的抵抗力下降，导致球虫病的突然发生。

不同年龄的山羊，对各种球虫的感染率有所差异。羔羊对球虫的感染率较高，而成年山羊的感染率则相对较低。如1年以下的山羊羔，对克氏艾美尔球虫、羊艾美尔球虫和约奇艾美尔球虫的感染率比成年山羊都要高。由于克氏艾美尔球虫和艾丽艾美尔球虫的致病力较强，所以受这两种球虫感染的羊死亡率较高，损失较大。

四、临床症状

本病潜伏期为11～17天，可能依感染的种类、感染强度、羊只的年龄、抵抗力及饲养管理条件等不同而发生急性或慢性过程。急性经过的病程为2～7天，慢性经过的病程可长达数周。病羊精神不振，食欲减退或消失，体重下降，可视黏膜苍白，腹泻，粪便中常含有大量卵囊，体温上升到 40～41℃，严重者可导致死亡，死亡率常达 10％～25％，有时可达 80％以上。

病初山羊出现软便，粪不成形，但精神、食欲正常。3～5 天后开始下痢，粪便由粥样到水样，呈黄褐色或黑色，混有坏死黏液、血液及大量的球虫卵囊，食欲减退或废绝，渴欲增加。随之精神委顿，被毛粗乱，迅速消瘦，可视黏膜苍白，体温正常或稍高，急性经过 1 周左右，慢性病程长达数周，严重感染的最后衰竭而死，耐过的则长期生长发育不良。成年山羊多为隐性感染，临床上无异常表现。

五、病理变化

呈混合感染的病羊的内脏病变主要发生在肠道、肠系膜淋巴结、肝脏和胆囊等组织器官。小肠壁可见白色小点、平斑、突起斑和息肉，以及小肠壁增厚、充血、出血，局部有炎症，有大量的炎性细胞浸润，肠腺和肠绒毛上皮细胞坏死，绒毛断裂，黏膜脱落等。肠系膜淋巴结水肿，被膜下和小梁周围的淋巴窦和淋巴管的内皮细胞中有球虫的内生殖阶段的虫体寄生，局部有炎性细胞浸润，淋巴管扩张，伴有淋巴细胞和浆细胞渗出现象。肝脏可见轻度肿大、郁血，肝表面和实质有针尖大或粟粒大的黄白色斑点，胆管扩张，胆汁浓厚呈红褐色，内有大量块状物。胆囊壁水肿、增厚，整个胆囊壁有单核细胞浸润，固有层有小出血点，绒毛短粗，绒毛上皮细胞有局部性坏死，有小裂殖体和配子体寄生。值得注意的是，胆汁中有球虫卵囊的病羊，多数的肝脏和胆囊无明显的病变。胆汁中卵囊数量也不一致，有的胆汁直接涂片检查即可见到，有的则要离心后检查沉淀物才可见到，因此以往病羊胆汁中可能也有卵囊，只是被人们忽视了。

六、诊断

根据临床症状和常规粪便检查可对本病作出初步诊断。确诊必须通过剖检，观察到球虫性的病理变化，在病变组织中检查到各发育阶段的虫体。另外，在粪便中只有少量卵囊，羊无任何症状，可能是隐性感染。生前诊断必须查到大量球虫卵囊，并伴有相应的临床症状，才能诊断为球虫病。

七、防治

1. 治疗

氨丙啉和磺胺类药物对本病有一定的治疗效果。用药后，可迅速降低卵囊排出量，减轻症状。

① 氨丙啉：每千克体重 50 毫克，每日 1 次，连服 4 天。

② 氯苯胍：每千克体重 20 毫克，每日 1 次，连服 7 天。

③ 磺胺二甲基嘧啶或磺胺-6-甲氧嘧啶：每千克体重每日 100 毫克，连用 3～4 天，效果较好。

④ 盐霉素：按每天每千克体重 0.33～1.0 毫克混饲，连喂 2～3 天。

2. 预防

较好的饲养管理条件可大大降低球虫病的发病率，圈舍应保持清洁和干燥，饮水和饲料要卫生，注意尽量减少各种应激因素。放牧的羊群应定期更换草场，由于成年羊常常是球虫病的病源，因此最好能将羔羊和成年羊分开饲养。

第十一章 —≫

羊的常见代谢病、中毒病

第一节　羔羊白肌病

羔羊白肌病亦称肌营养不良症，是伴有骨骼肌和心肌变性，并发生运动障碍和急性心肌坏死的一种微量元素缺乏症。

一、临床症状

羔羊生后数周或 2 个月后发病。患病羔羊拱背，四肢无力，运动困难，喜卧地。

急性死亡的羔羊多在出生后数周至 2 月龄时，无先兆症状，营养状况一般较好，常在放牧或运动后突然倒地死亡，有的在死前脉搏达120～240/分钟以上，呼吸迫促、困难，流粉红色鼻液，多在 6～8 小时内死亡。

多数病羔羊表现精神不振，消瘦，贫血，不愿走动，喜卧，运步无力，后躯摇摆，步态僵硬；有的卧地不愿起立；有的有时呈现强直性痉挛状态；有的出现瘫痪；有的呈腹式呼吸；有的羔羊异嗜和腹泻，患病 1 周左右死亡，幼龄的羔羊常因不能站立而吸吮不到母乳，体重减轻，逐渐消瘦，1～2 周后死亡。

二、剖检变化

剖检死亡羔羊，可见心肌柔软扩张、横径变宽，心壁变薄、质地脆弱，心外膜、心内膜有斑块或条束（粗白线）样灰白或苍白色病灶（图 11-1），有的病变可扩展到室中隔和乳头肌；臀部、股部、肩背部、胸部、肋间等部肌肉呈灰白、灰黄或苍白色线条状，肌肉粗糙、缺乏光泽、呈鱼肉样外观或水煮过样，两侧对称；有的病变部位可见点状出血和水肿等。

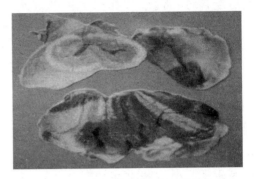

图 11-1　羔羊白肌病（彩图）

三、诊断

初诊可根据病羔羊表现精神不振，运动无力，站立困难，卧地不愿起立；有的呈现强直性痉挛状态，随即出现麻痹、死亡前昏迷、呼吸困难；有的羔羊病初不见异常，往往于剧烈运动或过度兴奋后突然死亡来判断。该病常呈地方性同群发病，应用其他药物治疗不能控制病情。经验诊断：可抱起羔羊离地 1 米左右高度突然把羊放下，如果羔羊能够立即站起奔跑说明健康，如趴下慢慢站起说明可能患有白肌病。

根据上述临床检查，病理剖检见到的骨骼肌和心肌变性呈鱼肉样外观，病变部位对称，可作出诊断。

四、防治

应用硒制剂配合维生素 E 制剂进行防治。

1.治疗

肌内注射 0.1% 亚硒酸钠维生素 E 复合制剂，每只羔羊 2 毫升，间隔 2～3 天，再注射 1～2 次；同时，补饲精料和添加矿物质、多维、微量元素添加剂。

2.预防

母羊在妊娠后期，分娩前 2～3 个月注射 0.1% 亚硒酸钠维生素 E 复合制剂 5 毫升，隔 4～6 周再注射 1 次；羔羊生后 1～3 天注射 0.1% 亚硒酸钠维生素 E 复合制剂 1～2 毫升，15 天后再注射 1 次，以后每隔 4～6 周注射 1 次，直至离乳后 2 个月。

利用多种形式宣传普及羔羊白肌病的治疗和预防知识，让广大养羊户了解和掌握羊的补硒方法。在用硒制剂的同时注意补充全价精料和经常合理搭配各种粗饲草和补充多种微量元素、矿物质和多种维生素添加剂。

第二节　山羊妊娠毒血症

妊娠毒血症是孕畜所特有的疾病，其发病者多为妊娠后期的母羊，纯种乳山羊多发，多胎妊娠羊易发，舍饲而且运动少、饲养条件不良、精料极度缺乏、粗料数量及质量均不足时可诱发本病。本病多呈急性过程，平均死亡时间是在发病后 3～7 天。

妊娠毒血症是一系列的症候，而不是来自单一的致病因子，有许多不同的原因可能引起这种状况。它有可能是来自某种物质，透过胎盘，进入孕羊的身体，导致孕羊血管的内皮组织功能异常所致。它所造成的高血压，可能会造成内皮细胞、肾脏与肝脏的损害，而后造成血管收缩因子释放至血管中，形成二次伤害。如果孕羊因此产生全身痉挛的现象，则称为子痫。

一、病因

目前认为本病主要与营养失调和运动不足有关。品种、年龄、肥胖、胎次、怀胎过多、胎羊过大、妊娠期营养不良及环境变化等因素均可导致本病的发生。

本病的发生首先是体内肝糖元被消耗，接着动员体脂去调节血中葡萄糖平衡，结果造成大量脂肪积聚于肝脏和游离于血液中，造成脂肪肝和高血脂，肝功能衰竭，有机酮和有机酸大量积聚，导致酮血症和酸中毒；大量酮体经肾脏排出时，又使肾脏发生脂肪变性，有毒物质更加无法排出，造成尿毒症；同时因机体不能完成调节葡萄糖平衡而出现低血糖。因此，妊娠毒血症是酮血症、酸中毒、低血糖和肝功能衰竭的综合征。

二、症状

轻者症状不明显，重者可见精神沉郁，呼吸困难，闭目，抬头，头颈痉挛，角弓反张，尿量严重减少，呼出气体有酮味。死前可发生流产、共济失调、惊厥及昏迷等症状。血检时除偶有贫血及幼稚型嗜中性粒细胞增多外，一般无特殊变化，但血液碱储下降，血糖水平降低，血钙正常或略高。尿液检查除蛋白质、胆色素及糖反应呈阳性外，酮体显著增高是其重要特征。剖检变化可见肝脏呈脂肪浸润。

三、病理变化

以心、肝、肾、脾及胃肠道病变较明显。肝脏明显肿大，呈黄色或土黄色，质脆易碎；有不同程度的胆汁淤滞，切面油腻，肝小叶充血，个别有坏死病变；肾脏稍肿大，包膜粘连，多有黄色条斑或出血区，肾上腺肿胀，皮质及髓质明显充血、出血，并有严重的脂肪变性；心脏柔软，心肌变性，色淡，有灰黄色斑块，心内外膜有大小不等的出血斑点，心室扩张；脾脏严重地充血和出血；甲状腺萎缩；胃肠浆膜及黏膜下多有出血性及坏死性炎症，小肠病变比大肠严重；胎水量多，呈污红色；腹水增多。

四、诊断

根据症状及病史，结合血液学检查可确诊。

妊娠毒血症常发生于妊娠后期 3～4 个月或分娩期及产后 48 小时内，以高血压、水肿和蛋白尿为特征。重者抽搐、昏迷。

五、防治

1.治疗

本病的治疗原则是补充血糖，降低血脂，保肝解毒，维护心肾功能。

应及时采取有效措施，控制疾病的发展，使之妊娠继续到近足月。少数病例，当其病情继续恶化而对母仔有危害时，应及时终止妊娠。一般根据病情，以采用保肝、提高血糖、降低血脂、促进代谢、降低血酮和纠正酸中毒为主，辅以强心、利尿、止痛、助消化等。中西医相结合，并配以精心的护理，常能取得良好效果。

（1）保肝、提高血糖含量

① 25％～50％葡萄糖溶液，50～100 毫升，一次静脉注射，每天一

次，这对食欲废绝和低血糖的病羊更为必要。

② 维生素 C 注射液 0.2～0.5 克，一次肌内或静脉注射，每天一次，连用 5～7 天。

（2）降低血脂

① 胆碱注射液，0.25～0.5 克，肌内注射，每天一次。

② 肌醇注射液，0.25～0.5 克，一次静脉或肌内注射，每天一次。维生素 C 参与糖代谢及氧化还原过程，也具有促使血脂下降的作用。

（3）促进代谢

① 氢化可的松注射液，0.02～0.08 克，用时以 5%～10% 葡萄糖溶液稀释后一次静脉注射，每天一次，此后，每天递减用量 1/6～1/4。

② 维生素 B_6，0.25～0.5 克，内服、皮下或肌内注射，每天一次，连用 3～4 次，氢化可的松与维生素 B_6 联合应用，可提高疗效。

③ 维生素 B_1（盐酸硫胺）注射液，0.025～0.05 克，一次肌内或皮下注射，每天一次，连用 5～7 天，配用维生素 B_2，效果更佳。

（4）纠正酸中毒　5% 碳酸氢钠溶液，30～100 毫升，静脉注射，隔日或每日一次，连用 3～6 次。也可用乳酸钠等制剂。有水肿时，以少量多次为宜。

（5）人工引产术　当危及母羊生命时，可行人工引产术。此时，先将母羊阴部及术者手臂清洗消毒并涂以磺胺软膏后，将手伸入阴道，边扩张边依次把食指、中指及无名指等插入子宫颈口内，剥离胎膜，稍许用温生理盐水 1000 毫升灌入子宫，即可达到流产的目的。

（6）对症治疗　水肿严重时，给予利尿药；腹痛不安时，给予镇痛药；心跳快而节律不齐时，给予强心药；食欲大减时，给予健胃助消化药物。

（7）加强护理　精心护理能提高疗效。应给予病羊青干草、胡萝卜、谷草或不常吃的饲料，以提高其食欲，另外放牧、自由活动与采食，都能改善病情。

2.预防

在妊娠后期为防止营养不足，应供给母羊富含蛋白质和碳水化合物并易消化的饲料，不喂劣质饲料。同时应避免突然更换饲料及其他应激因素。对肥胖、怀胎过多或过大，以及易发生该病的品种，可在分娩前后适当补给葡萄糖，可防止妊娠毒血症的发生与发展。

第三节 有机磷农药中毒

一、病因

有机磷农药中毒是由于有机磷农药通过各种途径进入羊体内，与乙酰胆碱酶结合，抑制该酶的活性，造成羊体内的乙酰胆碱大量蓄积，导致羊副交感神经过度兴奋的疾病。

二、症状

羊流涎，流泪，瞳孔缩小，出汗，肌肉震颤，呼吸急促，反复起卧，兴奋不安，冲撞蹦跳。严重时病羊衰竭，昏迷和呼吸高度困难，抢救不及时则死亡。

三、防治

1.治疗

立即停喂含有机磷的饲料和水，迅速采取排毒、解毒措施。

（1）解毒

① 注射阿托品10～30毫克，其中1/2静脉注射，1/2肌内注射。黏膜发绀时暂不使用阿托品。

② 皮下注射解磷定，按每千克体重20～50毫克。必要时12小时后重复注射1次。

（2）排毒

① 洗胃：取2%碳酸氢钠（敌百虫中毒时忌用）1000～2000毫升，用胃导管反复洗胃。

② 泻毒：取硫酸钠50～100克加水灌服。

③ 静脉注射5%葡萄糖或生理盐水500～1000毫升，维生素C

0.3 克。

2.预防

切实保管好农药和有机磷处理过的种子。用喷洒过有机磷农药的野草喂羊前，应反复用清水冲洗浸泡。

参考文献

[1] 贾志海.现代养羊生产 [M].北京：中国农业大学出版社，1997.

[2] 许怀让.家畜繁殖学 [M].南宁：广西科学技术出版社，1993.

[3] 孔繁瑶.家畜寄生虫学 [M].北京：农业出版社，1981.

[4] 刘湘涛，等.新编羊病综合防控技术 [M].北京：中国农业科学技术出版社，2011.

[5] 张泉鑫，等.羊病中西医综合防治 [M].北京：中国农业出版社，2004.

[6] 牛捍卫，等.实用羊病诊疗新技术 [M].北京：中国农业出版社，2006.

[7] 丁伯良，等.羊病临床诊疗实例解析 [M].北京：中国农业出版社，2013.

[8] 刘世堂.实用羊病防治大全 [M].延吉：延边人民出版社，2003.

[9] 卫广森，等.兽医全攻略羊病 [M].北京：中国农业出版社，2009.

[10] 何生虎.羊病学 [M].银川：宁夏人民出版社，2006.

[11] 晋爱兰.羊病防治技术 [M].北京：中国农业大学出版社，2004.